아들 때문에 속이 터질 것 같은 엄마들에게

아들 때문에 **속이 터질 것 같은** 엄마들에게

당신 아들,
문제없어요

이성종 지음

가나출판사

아들 때문에
속이 터질 것 같은
엄마들에게

축하드립니다. 시끄럽고, 정신없고, 던지고, 차고, 구르고, 밀고, 무뚝뚝하고, 못 참고, 산만하고, 지저분하고, 대답이 늦고, 시켜야지만 하고, 알아서 할 줄 모르고, 공부는 죽기보다 싫어하고, 밖으로 나가고만 싶어 하고, 말을 해도 귀를 막고 있는 아들 때문에 속이 터질 것 같다면 진심으로 축하드립니다. 당신의 아들은 지금, 아주 잘 자라고 있기 때문입니다. 건강하고 똑똑하게 잘 자라는 아들에게서만 볼 수 있는 지극히 정상적인 모습입니다. 축하합니다, 정상입니다, 당신 아들은 전혀 문제가 없습니다.

그런데 엄마의 눈에는 왜 우리 아들이 이상해 보일까요? 왜 이렇게 부족해 보이고 불안하게 느껴질까요? 당연합니다. 엄마가 여자니까요. 엄마가 할머니의 도움을 받아 아들을 키운다고 가정해볼게요. 여자어른인 그녀들에게 남자아이의 행동과 말은 이해하지 못하는 걱정거리가 될 가능성이 큽니다. 조금 더 차분해져야 하고 조금 더 똘똘해져야 할 텐데 도대체 뭐가 되려고 이러는지 모르겠다며 걱정이 끝이 없습니다. 누나는 물론이고 여동생보다도 부족해 보이는 것 같은 모습에 엄마의 잔소리는 계속되죠. 자, 그렇다면 아들의 입장은 괜찮을까요? 아들에게 엄마와 할머니는 나를 이해해주지 않고 온종일 잔소리만 해 대는 기계처럼 느껴질 수 있습니다.

교실에서의 모습도 크게 다르지 않습니다. 어린이집에서 시작해 유치원, 초등학교에 이르기까지 대부분의 아들은 여선생님과 함께합니다. 교실에서 야무지고 똘똘하게 제 할 일을 해내는 여자아이들 틈에서 기죽어 있는 남자아이들이 보입니다. 남자와 여자가 다르고 어른과 아이가 다르기 때문에 '여자어른'의 눈에 비친 '남자아이'는 다르게 보일 수밖에 없습니다. 다르게 보이는 게 당연한 상황, 안타깝고 안쓰럽습니다.

'남자어른'인 저는 '여자어른'과 '남자아이' 사이에 다리를 놓아

드리려 합니다. 아들의 모습이 왜 그런지 이유를 조목조목 설명해 드리고 싶고, 그런 아들을 그만 걱정하시라고 손 잡아 드리고 싶습니다. 상담 주간에 찾아와 '도대체 이 녀석은 왜 이런지 모르겠다'며 답답한 마음을 털어놓는 어머니들의 걱정스러움에 속 시원한 답을 드리고 싶습니다. 우리 아들은 지금 정말 잘 자라고 있고, 아무 문제 없는 거라고요.

아들뿐인 가정에서 자라 초등 담임으로 15년을 지내며 교실 속 아들들을 만나고 있는 저는 그사이 아들 둘의 아빠가 되었습니다. 온 집 안을 난장판으로 만들어 놓고 좋다고 신나 하던 장난기 가득한 아들들은 어느덧 사춘기 소년이 되어 방 문을 닫기 시작했습니다. 교실에서 꾸중 들으며 기죽어 지내는 남자아이들을 볼 때마다 우리 아이들이 떠올라 안쓰러웠고, 도무지 이해할 수가 없다며 상담 시간에 하소연하시는 어머니들을 뵐 때면 아들 둘 키우면서 만성두통을 얻은 아내가 겹쳐 보였습니다.

학교에서 급식을 먹고 나면 반 아이들과 함께 운동장이나 체육관으로 향하곤 했습니다. 공을 주고받고 몸으로 부딪치며 마음을 열기 시작했고, 그런 시간이 많아질수록 아들들은 수업 중에도 넘치는 에너지를 보여 주었습니다. 있는 모습 그대로 인정받는 기회를 통해 운동장에서만이 아니라 교실에서도 적극적이고 밝은 에너지를 뿜어낼 수 있다는 것을 분명하게 알려 주었습니다. '남자인 아이'로 온전히 이해받고 존중받은 남자아이들이 그간 얼마나 위축되고 속상했는지 툭 털어놓아 주었습니다.

아들 둘의 아빠로, 아들 둘 엄마의 남편으로, 15년 차 남교사로서 불안하고 부족해 보이는 이 아들들이 멋진 청년으로, 어른으로 성장하기를 바라는 대한민국의 모든 어머니들께 조심스레 처방전을 드립니다. 노력하고 애쓰지만 무심하기 그지없는 아들의 모습에 상처받고 답답하고 불안해하시는 어머니들께 위로가 되어 드리고 싶습니다.

저는 올해 5, 6학년 두 아들의 아빠이자 6학년 아이들을 맡은 담임교사가 되었습니다. 건강한 청소년으로 성장해 갈 교실 속 남자아이들과 제 아들들을 한 뼘 더 이해하고 알아 가는 시간이 될 거라 기대합니다. 대한민국의 남자아이들이 기 쭉 펴고 마음껏 매력을 뿜낼 수 있는 너른 운동장 같은 어른이 되겠습니다.

Chapter 4.

우리 아이 학교생활, 어떻게 해야 할까요?

Chapter
1

초등 아들,
함께 고민해 봅시다

대한민국에서
아들 부모로 산다는 것

"저는 딸바보예요."

"아내 닮은 예쁜 딸 하나 있었으면 좋겠어요."

"늙어서 해외여행 가는 건 딸 가진 부모라잖아요."

"끝까지 부모 챙기는 건 딸이지, 아들은…"

자주 듣는 말입니다. 딸이 얼마나 사랑스럽고 얼마나 필요한지 모를 리 없습니다. 임신 소식을 전하는 연예인들은 약속이라도 한 듯 저마다 뱃속 아이가 딸이기를 원한다며 간절한 표정을 짓습니다. 저도 딸아이가 있었으면 하고 바란 적이 있습니다. 물론 마음대로 되지 않았지만요. 아들 둘의 아빠라고 소개하면 반응은 한결같습니다.

"딸이 있으면 훨씬 좋을 건데, 딸 하나 더 낳지 그러세요."

적극적으로 셋째를 권하면서 아들만 있는 부모가 얼마나 외롭고 쓸쓸한지 구구절절 이야기하십니다. 저도 모르지 않습니다. 아들이 없다며 서러워하던 때가 불과 얼마 전인데 분위기가 상당히 달라졌습니다. 저는 이런 분위기가 불편하고 못마땅합니다. 왜 아들 딸을 비교하며 누가 더 우월한가를 가려 내야만 하는지 묻고 싶습니다.

케임브리지 대학교 심리학 교수인 사이먼 배런 코언Simon Baron Cohen 박사는《그 남자의 뇌, 그 여자의 뇌》에서 남자의 뇌와 여자의 뇌가 서로 다르며 그 차이는 태어난 지 하루가 지난 갓난아기에서도 나타난다고 이야기합니다. 그리고 이것이 한 성이 다른 성에 비해 전반적으로 지능이 높다는 것을 의미하지는 않으며 남녀 차이에 대한 논의는 다른 성을 억압하는 목적 없이도 얼마든지 가능한 것이라고 강조합니다.

이렇게 남자와 여자의 뇌가 다르기에 아들 엄마는 진짜 힘듭니다. 아들 엄마라는 사실을 남들이 어떻게 보는가는 둘째 문제고요, 핵심은 엄마 본인이 아들 때문에 엄청나게 힘들다는 것입니다. 아들 엄마들이 힘들다고 하소연하는 이유의 핵심은 아들의 행동과 말을 이해할 수 없다는 것입니다. '여자어른'인 엄마는 '남자아이'인 아들과 어떤 공통점도 없으니까요. 여자끼리라면, 어른끼리라면 이해할 수도 있었을 부분들이 그 둘 사이에는 하나도 없습니다. 그래서 어렵습니다. 도대체 왜 저러는지 이해할 수 없는 것들이 갈수록 많아지고 쌓이기 시작합니다.

아들은 어릴 때부터 손이 많이 갑니다. 잠시도 가만히 있지 못해 온 집 안을 돌아다니며 들쑤셔 놓고, 그게 끝나면 집 밖으로 나가서는 온 동네를 부지런히 헤집고 다닙니다. 호기심은 많은데 참을성이 없어 다치고 사고치기 일쑤입니다. 그래서 위험할까 봐 뒤를 졸졸 따라다니다 보면 아이 낳고 약해진 엄마의 체력은 금방 바닥이 납니다.

학교에 보내면 떨어져 있는 동안 몸은 좀 편할지 몰라도 걱정은 더 커집니다. 오늘은 또 무슨 일로 혼이 날까 싶어 불안합니다. 수업 시간에 산만하다, 친구들과 다투었다 등 담임선생님께 몇 번 전화가 온 다음부터는 학교 번호로 전화가 걸려 오면 가슴이 덜컥 내려앉습니다.

남자아이는 커 갈수록 호통칠 일도 많아집니다. 그런데 설상가상으로 이제는 작은 잔소리에는 끄떡도 않다 보니 어느덧 '버럭' 내

지르는 일이 일상이 되었습니다. 아들 키우는 엄마는 목소리가 걸걸해진다고 하던데 오죽하면 그리 되었겠습니까. 아들 엄마도 그런 목소리를 내고 싶었겠습니까. 그저 공만 쳐다보며 도로 한복판으로 뛰어드는 아들, 실내화 가방을 통째로 잃어버리고 온 아들, 교실에서 친구에게 주먹을 날려 버린 아들, 거실에서 공을 차다가 화분을 쏟고야 마는 아들, 무엇을 물어도 몇 번을 물어도 대답 없는 아들…. 그런 아들에게 상냥한 목소리로 차분하게 타이르는 게 사실상 불가능한 일 아닙니까. 여리고 꾀꼬리 같던 아내가 아들을 키우면서 달라졌다고 하소연하는 아버지들 계시는데요, 그 덕분에 귀한 아들이 지금까지 이만큼이나 안전하고 건강하고 예의 바르게 자랐음을 깨닫고 고마워하셔야 합니다.

SBS 스페셜에서 방송한 〈속 터지는 엄마, 억울한 아들〉 편에서 두 달간 아들을 둔 엄마 총 1,010명을 대상으로 설문 조사 한 결과에 따르면 아들 둔 엄마의 86%가 아들 키우기가 힘들다고 대답했습니다. 너무 힘들어서 우울한 감정까지 느껴진다고 대답한 엄마도 81%나 되었습니다. 처음 아이의 존재를 확인하고 그저 설레고 감격스럽던 마음이 우울한 감정으로 바뀌기까지 아들 키우는 엄마에게 얼마나 숱한 일들이 있었을지 짐작이 갑니다. 상담 주간이면 교

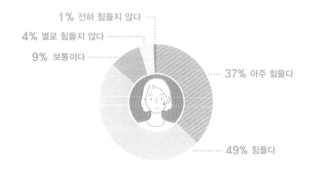

아들 키우기가 힘들다고 느끼십니까?

1% 전혀 힘들지 않다 ……

4% 별로 힘들지 않다 ……

9% 보통이다 ……

…… 37% 아주 힘들다

…… 49% 힘들다

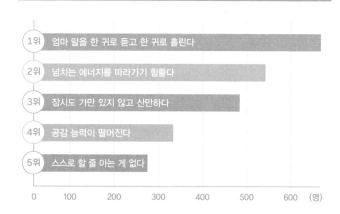

아들을 키우면서 가장 힘든 점은 무엇입니까?

1위 | 엄마 말을 한 귀로 듣고 한 귀로 흘린다

2위 | 넘치는 에너지를 따라가기 힘들다

3위 | 잠시도 가만 있지 않고 산만하다

4위 | 공감 능력이 떨어진다

5위 | 스스로 할 줄 아는 게 없다

0   100   200   300   400   500   600 (명)

※출처 : SBS 스페셜 「속 터지는 엄마, 억울한 아들」

실 문을 열고 들어오시는 어머니들 가운데 아들 어머니의 표정이 상대적으로 조금 더 조심스럽고 걱정스럽게 느껴지는 것은 기분 탓일까요.

'아들의 엄마로 살아가기'가 만만치는 않지만 희망을 드리고 싶습니다. 대한민국 공교육 아래서 우리 아들들이 학교에서, 교실에서 얼마나 씩씩하고 건강하고 기운차게 잘 지내고 있는지, 그래서 결국 얼마나 멋지게 성장할 것인지에 관한 믿을 만한 근거를 드리겠습니다. 또 그런 아들을 좀 더 이해하고 여유롭게 믿을 수 있는 방법을 지금부터 소개해 드리겠습니다.

지금의 교육과정은
아들에게 불리한 것이 맞습니다

10여 년 전부터 알파걸^{alpha girl}이라는 용어가 등장해 세계적으로 큰 이슈가 되었습니다. 알파걸의 사전적 의미는 리더십과 뛰어난 학업성적, 활동성을 바탕으로 자신감과 성취욕이 넘치는 여성을 가리킵니다. 그녀들은 지금도 현재진행형으로, 다양한 영역에서 자신감 있게 능력을 펼치고 있습니다.

30년 전만 해도 학급 반장 가운데 열에 일고여덟은 남학생이었습니다. 하지만 지금은 그 비율 그대로 남녀 학생이 역전되는 추세입니다. 교실 속 여학생들은 30년 전과는 달리 담임선생님과 훨씬 밀접하게 관계를 맺고, 학급에서 이루어지는 모든 일에 성실하고 적극적으로 참여합니다. 정해진 규칙과 틀 안에서 책임감 있게 일을 해내는 능력은 초등 시기부터 입시까지의 긴 시간을 잘 이겨 낼 수 있는 힘이 됩니다. 아래 표는 지난 3년간 국내 신규 석사 학위 취득자의 성별 분포인데요, 전체 학위 취득자 가운데 여성 비율이 유의미한 수치로 높아지고 있음을 확인할 수 있습니다.

아들과 딸을 경쟁 구도로 놓고 어느 한쪽이 다른 쪽보다 우월하다는 유치한 주장을 하려는 것이 아닙니다. 두 아들을 둔 아빠로서 아들 편을 드는 속이 빤한 이야기도 아닙니다. 교실에서 잔소리, 지적, 꾸중 듣는 일을 담당하는 남학생들의 실패 경험이 학업 전반은 물론이요 성인 이후의 삶에 필요한 자신감과 연결될 수밖에 없

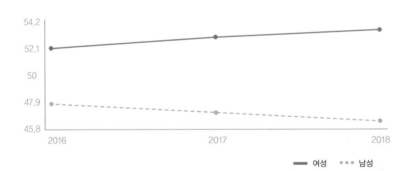

는 대한민국의 현실에 문제를 제기하고 싶어서입니다. '문제없이 잘만 크는 아들'이 지금의 초등 교육과정 아래 있는 학교 교실 안에서만큼은 부족하고 답답해 보일 수밖에 없는 이유를 설명하고 싶어서입니다.

씩씩하고 똘똘하게 잘 키워서 초등학교에 보냈다고 생각했는데 학생이 된 아들의 하루하루는 엄마 예상과는 너무 다르게 흘러가고 있을 것입니다. 그렇게도 의젓하고 사랑스럽던 아들이 교실에서는 왜 이렇게 부족하고 느리고 뒤처지는 듯 보일까요? 우리 아들의 학교생활은 왜 이렇게 어려울까요?

자, 이제 아들의 눈으로 학교생활을 들여다보아야 할 시간입니다. 남자아이들에게 교실 속 수업은 맞지 않는 작은 옷이고 억지로 먹는 음식과 같습니다. 에너지가 솟구쳐 오르는 남자아이들이 종일 의자에 앉아 선생님 말씀을 들으며 글씨를 쓰고 그림을 그리고 책을 읽고 문제를 풀어야 합니다. 예쁘고 깔끔하게 완성해야 하고 빨리 그리고 가지런히 정리해야 합니다. 들썩이는 몸을 겨우 앉혀 두고 완성했는데, 여자아이들의 결과물에 비하면 초라합니다. 잘해 보고 싶었는데 뜻대로 되지 않으니 점점 재미도 없고, 갈수록 화가 납니다. 운동장에 나가 소리 지르며 뛰고 싶은데 그토록 바라는 체육 시간은 몇 번 없습니다. 요즘은 미세먼지 때문에 그나마 적은 바깥 체육 시간이 더 줄어들었습니다.

앉아 있기보다 움직여야 하고, 개인적인 성취보다 게임을 활용한 승부에 눈을 반짝이고, 어찌됐든 되도록 빨리 끝내고만 싶은 남자아이들에게 교실은 정말 답답하고 지루하고 좌절을 안겨 주는 공간입니다. 이런 교실 속 우리 아들의 심정을 한 번만 들여다봐 주세요.

성인 남자와 성인 여자가 다르듯 남자아이와 여자아이도 상당히 다릅니다. 교사와 부모 모두가 이 점을 인정하는 것에서 출발해야 우리의 아들을 도울 수 있습니다.

초등학교 학급 교실에서 남자아이는 신체적, 정서적, 정신적으로 여자아이에 비해 느린 속도로 성장합니다. 교실에서 여자 짝꿍의 도움을 받아 과제를 해결하는 남학생들의 모습을 흔히 볼 수 있는 이유입니다. 잘하고 싶은 마음과 모둠을 이끌고 싶은 욕구는 강하지만 이를 뒷받침해 줄 만한 능력이 되어 있지 않아 좌절합니다. 또한 아들들은 모든 것을 직접 체험해서 배우고 경험하고 싶어 합니다. '보는 것', '듣는 것'보다 '하는 것'을 원한다는 뜻입니다.

하지만 안타깝게도 초등 교실에서의 활동은 대부분 교과서, 학습지, 미디어 자료, 종이 기반 과제 등 책상 위에서 보고 듣는 간접 체험 위주로 진행되기 때문에 아들들의 의욕은 오래가지 않습니다. 평가 방식도 그렇습니다. 상당수 평가가 알고 생각한 내용을 글로 표현하는 서술형 문제이며, 생각을 말로 표현하는 그 모습을 보고 평가하는 방식이기 때문에 말하기와 글쓰기에 강한 여학생들에게 유리할 수밖에 없습니다.

현재 초등학교에서 이루어지는 수업 가운데 남학생이 강점을 보이는 영역은 체육 수업, 과학실험 수업, 역할극 징도밖에 없습니다. 지극히 한정적이지요. 이들 수업의 공통점, 눈치채셨을까요? 아이들이 직접 몸을 움직여 참여할 수 있는 기회가 많다는 점, 수업 중 반전, 장난, 유머, 자유, 기발함을 기대해 볼 만하다는 점입니다. 한마디로 표현하자면 '가만히 앉아 있지 않아도 되는 수업'입니다.

당연하겠지만 이런 수업은 지도하는 담임교사가 훨씬 더 많은 에너지를 쏟아야 합니다. 과학실험이 시작되면 남학생은 계획된 실험보다 더 크고 자극적인 것, 색다른 것을 시도해 보고 싶어 합니다. 체육을 하러 운동장에 모이면 일단 신나게 뛰고 소리 지르고 싶어 합니다. 학급 전체 아이들의 안전을 지키면서도 교육과정에서 제시한 학습 목표를 성취해야 하는 선생님 입장에서는 남자아이들의 바람은 턱없이 크고 비현실적입니다. 남자아이들이 그 순간 무얼 간절히 원하는지 누구보다 잘 알기에 안 되는 이유를 설명하면서도 참 안타깝습니다. 남자아이들은 환호하면서 '한 번 더'를 외치고 담임교사는 아이들의 안전이 걱정되어 신경을 곤두세우며 진을

뺍니다. 그래서 남자아이들이 월요일부터 내심 기다리던 그 수업은 선생님에게는 힘들었던 시간, 남자아이들에게도 불만스러운 시간이 되곤 합니다.

　남자아이들이 타고난 대로 생활하면 수시로 제약에 부딪히고야 마는 곳이 학교라는 공간입니다. 여자아이들이 타고난 대로 생활하면 웬만하면 칭찬을 받는 곳이 학교라는 공간이기도 합니다. 그렇다면 모든 아이들에게 즐거운 교실, 편안한 학교는 불가능한 것일까요?

　이를 해결할 수 있는 실마리를 '요즘 여학생들을 위한 체육 활동 지원 프로그램'에서 찾아볼 수 있습니다. 몇 년 전부터 체육 활동에서 소외되거나 흥미 없는 여학생들을 위해 교육청, 학교 차원에서 다양한 시도를 하고 있습니다. 플라잉디스크, 넷볼, 킨볼, 패드민턴 등 뉴스포츠 활동 도입, 변형된 규칙 적용, 팀 구성, 여학생들만을 위한 체육동아리, 특별활동, 대회 운영 등 여러 가지가 있습니다. 덕분에 전에 비해 체육 활동에 즐겁게 참여하는 여학생들이 눈에 띄게 늘어났습니다.

　여학생들에게 재미없고 부담스러웠던 체육 시간을 체계적으로 관리하고 다양한 노력을 기울임으로써 개선되는 모습을 보면서 아들들의 특성을 이해하고 배려한 교육과정 시스템도 도입할 수 있지 않을까, 하는 기대가 생겼습니다. 남학생들도 교실 속 수업에서 배움의 즐거움을 알고 성취감을 맛보며 공부를 즐길 수 있도록 교육과정 재구성이 절실합니다.

현장에서 일하는 저는 교육과정과 교육환경 개선을 위해 끊임없이 목소리를 내겠습니다. (학부모 입장에서 학교와 교육청에 건의해 주실 것들은 뒤에 말씀드리겠습니다.) 가정에서 아빠, 엄마는 아들의 교실 속 모습을 조금 더 여유로운 시선으로 바라봐 주시기를 부탁드립니다. 우리 아들이 못나고 이상한 것이 아니고요, 학교와 교실이 좀 작습니다. 대근육을 부지런히 쓰는 우리 아들에게는 말이죠.

교실 속 아들,
담임교사의 솔직한 시선은
이렇습니다

교실 속에서 에너지 넘치는 남자아이들의 활약은 두드러집니
다. 소리 지르고 뛰어다니는 것은 기본이고요, 교실 속 아니 학교
안의 모든 물건을 놀잇감 삼아 가지고 놉니다. 정리라는 개념도 별
로 없어서 빗자루며 개인 물품으로 교실은 순식간에 난장판이 됩니
다. 이런 일을 자주 겪는 담임교사는 남자아이들의 넘치는 에너지
가 부담스러울 때가 많습니다. 초등 담임교사가 남학생을 부담스러
워하는 이유를 몇 가지로 나누어 보았습니다.

첫째, 사건 사고의 주인공은 대부분 남학생입니다.

매일 싸우고 때리고 다치고 선생님 앞에 불려와 씩씩거리며 서 있는 아이들의 80% 이상은 남자아이입니다. 거의 매일 네다섯 건씩 일어나는 게 보통이며 많게는 하루 열 건이 넘기도 합니다. 그래서 학급 아이들을 안전하게 살피고 훈육하는 데 들어가는 담임교사의 에너지는 상상을 초월합니다. 직업이니 당연한 일이기도 하지만 힘든건 힘든거죠.

사건 사고를 잠시 살펴보면요, 달리는 친구를 밀어 넘어뜨리고, 뒤에 들어오는 친구를 보고도 문을 세게 닫아 손을 다치게 하고, 체육 시간에 친구를 향해 야구 방망이를 던지는 바람에 친구가 다치도 합니다. 지면에 다 적지 못할 만큼 매일 다양하고 새로운 사건과 상황들이 생깁니다.

둘째, 딴 짓을 많이 합니다.

차분하게 앉아 할 일을 알아서 척척 해내는 아이도 있지만 그리 많지는 않습니다. 수시로 앞, 뒤, 옆 친구와 이야기하고 장난치고 주어진 과제 말고 다른 곳에 관심을 두는 아이들이 많습니다. 이 아이들을 차분하게 가라앉혀 수업에 적극적으로 참여시키기까지는 많은 시간과 노력이 필요합니다. 그러다 보니 수업 준비 단계부터 이 부분을 신경 쓰지 않을 수 없습니다.

셋째, 몸을 움직이려는 욕구가 강합니다.

체육 시간에 남자아이들을 만족시키느라 애를 쓰다 보면 교사의 체력은 금세 바닥이 납니다. 사실, 만족이라는 표현은 어울리지 않는 것 같습니다. 남자아이들의 활동 에너지와 움직이려는 욕구는 끝이 없으니까요. 스포츠 클럽 데이, 운동회, 민속의 날처럼 종일 실외 체육 활동을 하고 녹초가 된 날에도 남은 에너지를 주체하지 못해 조금 더 하고 싶다고 매달리는 녀석들도 많습니다. 그래서 아이들에 비해 체력이 떨어지는 교사로서는 몸이 힘들고 부담스러운 것이 사실입니다. 담임교사의 성별, 경험도 영향을 미치는데요, 남성보다 여성 교사가 저경력보다 고경력의 교사가, 남자아이들의 움직이려는 욕구를 부담스러워하는 것이 일반적입니다. 종일 등산을 하고 온 날이면 대부분 아빠보다 엄마가 먼저 쓰러지는 것과 같다고 생각하면 이해가 쉬울 것입니다.

넷째, 수업 집중력이 떨어집니다.

학교에서의 하루 가운데 교과 수업은 차지하는 비중이 큰 만큼 중요한 시간입니다. 남학생들이 가장 소극적이고 비협조적인 시간이기도 하지요. 교과 수업은 대부분 의자에 앉아 정적으로 이루어지기 때문에 남자아이들은 재미도 흥미도 의욕도 느끼지 못합니다.

예전에 비하면 수업 분위기가 움직임도 많고 자유로운 분위기로 점차 변해 가고 있지만 남자아이들은 여전히 갑갑합니다. 수업에서 배움을 얻으려면 집중하는 태도, 발표, 질문, 대답, 적극적인 모둠 활동 참여가 필요한데 남자아이들에게는 너무도 힘든 것들입니다.

솔직히 말씀드리면 저는 남학생들이 더 편하고 좋습니다. 제가 교실 속 남학생이었기 때문이기도 하겠지요. 섬세함은 좀 떨어지지만 남자아이들은 단순한 성향 덕분에 한 가지에 꽂히면 추진력 있게 밀고 나갑니다. 학급에서 아이들끼리 결정을 내려야 할 때 떠오르는 생각을 거침없이 뱉어내는 남학생들 덕분에 꽤 여러 번 크게 웃기도 합니다. 이때 방향만 조심스레 잡아 주면 남학생들이 던진 '웃자고 한 말'에서 재미난 계획과 활동이 본격적으로 시작되는 경우도 많습니다.

비록 잘 다듬어지지 않았다 하더라도 자신감 있게 생각을 표현하고 의견을 펼치는 능력은 남학생들의 장점 가운데 하나입니다. 간혹 이런 보물 같은 의견이 교사의 성향과 충돌하거나 교실 환경에 맞지 않아 통제당하고 제약을 받아 서로가 힘든 상황이 일어나기도 하지만 금세 나쁜 감정을 풀고 따라와 주니 참 사랑스럽습니다.

아이마다 성향 차이는 있지만 남자아이들은 전체적으로 감정

표현이 확실하고 솔직합니다. 그래서 매일 마음을 들여다보며 지도해야 하는 담임교사 입장에서 마음을 읽기 쉽고, 도움을 주기도 쉽습니다. 남학생들은 때로 거짓말이 섞이고 과장된 표현이 있을지라도 일단 자신의 속마음을 시원하게 털어놓습니다. 아이들과 얘기하다 보면 '너무 억울하다', '성만이가 그동안 너무 귀찮게 해서 열이 받았다', '싫다는데도 기준이가 계속 같은 장난을 친다', '전에는 나한테 잘해 주더니 요즘에는 모른 척한다' 등 문제 해결에 도움이 될 만한 실마리들이 줄줄이 쏟아져 나옵니다. 게다가 이야기를 잘 듣고 해결안을 제시하면 흔쾌히 받아들이는 데다 무엇보다 뒤끝이 없어 좋습니다.

뒤끝, 이 감정은 교실 생활에서 매우 해롭습니다. 학교에서 일어나는 복잡하고 큰 문제들은 '오늘 있었던 일'만이 아닌 전에 있었던 일에서 남은 뒤끝이 쌓여 발생하곤 합니다. 이놈의 뒤끝이 복잡하고 어려운 문제를 종종 만들어 냅니다. 교실에서 아이들끼리 싸우고 나면 서로의 잘못을 인정하고 사과하는 시간은 필수입니다. 재미있게도 초등학생들은 사과하라고 하면 서로의 팔을 위에서 아래로 내리 쓸며 '미안해'라고 합니다. 어린이집에서 배운 사과법이라는데 얼마나 잘 배웠는지 덩치 큰 남자아이들이 진지한 표정으로 이렇게 사과하는 모습이 귀여워 웃음을 참아야 할 때가 많습니다.

남자아이들이 운동에 빠져 있는 모습도 무척 사랑스럽습니다. 운동은 남자아이들만이 아니라 학급 전체 아이들이 함께 즐기기 좋은 최고의 활동입니다. 우리의 아들들은 넘치는 에너지로 이 시간을 주도해 나갑니다. 조금은 부담스럽지만 활기차고 긍정적인 에너지를 끊임없이 발산하는 사랑스러운 교실 속 아들들의 모습, 이제 좀 이해하셨나요?

실수와 실패 없이
단단해지는 아이는 없습니다

늘 조마조마한 마음으로 아이를 학교에 보내는 부모의 마음을 잘 알고 있습니다. 내 아이의 부족한 면을 잘 알기 때문에, '학교에서 친구들에게 피해를 주지는 않는지, 그 때문에 선생님과 친구들에게 미움받고 상처받는 것은 아닌지, 수업 중에 딴짓하다가 꾸중을 듣지는 않는지, 심하게 장난치다가 다치는 건 아닌지' 늘 불안하실 겁니다.

저희 부부에게도 유난히 손이 많이 가는 아들아이가 있습니다. 예상을 뛰어넘는 크고 작은 돌발행동을 끊임없이 하는데요, 달리는 차에서 창문을 열고 밖으로 신발 한 짝을 던진다든가, 학교에서 새로 들은 욕을 아빠에게 툭 내뱉고는 해맑은 표정으로 즐거워합니다. 자기 기분이 좋다고 사람 많은 공공장소에서 느닷없이 크게 환호성을 지르기도 하고, 한 번 본 적 없는 사람에게 부지런히 잔소리를 하기도 합니다.

가족끼리 있을 때는 괜찮습니다. 우리끼리 이해하고 받아 주고 가르쳐 주면 됩니다. 그런데 학교는 사정이 다릅니다. 학교에서 그런 행동을 했을 때 그 상황을 바라보는 선생님과 그로 인해 피해 볼 친구들의 반응이 어떨지 잘 알기에, 아는 게 병이라고 저희 부부는 더 불안하고 걱정스럽습니다. 등교를 준비하는 그 바쁘고 짧은 시간 동안 주문을 외우듯 이것저것 당부합니다. 유난히 손이 가는 아들을 키우고 계시다면 저의 고민과 불안을 절절히 공감하실 겁니다. 방학 때 학교 안 가는 아들들과 종일 같이 있는 게 쉬운 일이 아님에도 '눈에 보이니 차라리 마음이 편하다'라는 생각이 든다면 좀 더 이해가 되실까요?

손이 많이 가는 아들은 담임교사 입장에서도 부담스럽습니다. 아들 둘의 아빠인 제가 봐도 아들이 벌여 놓은 일들은 황당하기 그지없는데, 아들의 성향을 이해하기 어려운 여선생님, 아들을 양육한 경험이 없는 선생님이라면 더욱 그렇겠지요. 욕, 폭력, 따돌림, 과잉 행동 등 아들이 벌인 크고 작은 잘못된 행동들에 담임교사는

지도와 훈계를 이어 가지만 도저히 나아지지 않는 경우도 있습니다. 결국 담임교사는 부모님과의 상담을 통해서라도 아이의 행동을 수정하려는 노력을 하는데요, 이 과정에서 상당수 아들 부모님은 담임선생님의 태도, 말투에서 상처받고 서운함을 느낀다고 합니다.

담임교사와 부모는 아이를 바라볼 때 온도차가 날 수밖에 없습니다. 이것을 전제하지 않으면 대화는 어렵습니다. 둘 이상의 아이들이 관련된 소동을 바라보는 시선, 사건이 벌어진 상황을 이해하는 정도에는 담임교사와 부모의 생각이 일치하기가 어렵습니다. '내 아이의 편이 되어야 하는 부모'와 '관련된 아이들 모두에게 공평한 결정을 내려야 하는 담임교사'이기 때문입니다. 내 아이 편을 들어 주기를 바라는 부모의 바람이 실망으로 바뀌기 쉬운 이유이지요.

다른 친구들과 관련되지 않은, 내 아이만의 부족한 점을 지적하는 경우에도 서운함은 생길 수 있습니다. 좋은 이야기도 한두 번이라는데 담임선생님께 아이의 잘못된 행동, 부족한 점을 하나씩 하나씩 듣다 보면 고마움보다 서운함이 앞섭니다. 내 아이 편을 들어 주지 않고 포용해 주지 않는 것 같은 선생님의 모습에 '우리 선생님이 우리 애를 별로 좋아하지 않으시는구나', 혹은 '우리 애가 교실에서 천덕꾸러기구나'라는 착각을 하는 경우도 있어 안타깝습니다.

때로는 담임선생님께서 지적하시는 아이의 잘못이 부모인 나의 잘못인 양 느껴질 때도 있어, 아이가 아닌 내가 혼나는 것 같은 느낌이 들기도 합니다. 그럴 때면 일단 서운한 감정을 접어 두고 '내 아이에게 관심이 있어 자주 꾸짖고 이렇게 말씀하시는구나'라고 생각하면 어떨까요? 아이의 잘못된 행동은 부모와 교사가 한 마음으로 수정하고 도움을 주어야 할 문제입니다. 선생님을 평가하거나 대립각을 세우기보다 우리 아이를 위해 함께 고민하고 움직이는 한 팀이라는 생각을 가지고 좋은 관계를 유지해 주세요. 서로에게 상처를 주는 일은 줄어들 것이고, 든든함과 고마움을 느낄 일이 많아질 것입니다.

담임교사의 표현이 말투와 태도가 부모님 마음에 들지 않을 수 있습니다. 하지만 아이에게 관심이 없고 담임교사로서 책임감과 열의가 없다면 아이의 행동 개선을 위해 학부모에게 상담을 요청하지 않습니다. 아이와 굳이 씨름하지도 않을 거고요. 담임교사 입장에서 학부모와 상담하고 연락하는 일은 결코 간단한 업무가 아닙니다. 말투 하나, 단어 사용 하나도 조심스럽고 신중해야 하기 때문에 개별 상담을 앞두고는 담임교사도 부담감이 어마합니다. 담임선생님이 내 아이의 특정 행동, 습관을 지적했다면 부모로서 속상한 것은 당연합니다. 하지만 그럴 경우 부모는 감정적인 부분을 배제하고 부모로서 어떻게 하면 아이에게 도움이 될지 조언을 구하세요.

물론, 내 아이가 교실에서 부당한 대우를 받고 있다고 판단되거나 교사가 아이를 오해하는 부분이 있다면 분명하게 뜻을 전달하실 필요는 있습니다. 기억할 점은 담임선생님은 올 한 해 내 아이를 책임지고 교육하는 분이므로 예의를 갖추고 상식적인 선을 지켜야 한다는 점입니다.

우리 아들이 담임선생님께 자주 지적받고 혼나는 아이라고 해서 너무 불안해하지 마세요. 실수와 실패 없이 단단해지는 아이는 없습니다. 이 과정이 아이와 부모 모두에게 힘든 시간인 것은 분명하지만, 크지 않은 상처라면 아이가 조금 더 단단해지고 훗날 비슷한 상황을 만났을 때 지혜롭게 해결하는 능력을 키우는 기회가 될 것입니다.

Chapter 2

교실 속 아들,
유형별 솔루션

66 부모인 우리가 각자의 모습으로 살아가고 아이를 키우듯이 아들이라고 해서 모두 다 같
은 아들은 아닙니다. 당장 저희 집 두 아이도 각자의 개성이 뚜렷하니까요. 그래서 상담 주간
에 뵙는 부모님들께 언제나 잊지 않고 드리는 당부가 있습니다. '내 아이의 특성을 파악하고
그에 맞게 접근하는 것이 무엇보다 중요하다'는 말입니다.

이 장에서는 어느 교실에서나 만날 수 있는 아들의 성향을 대표적인 몇 가지로 나누어 생각해
보려 합니다. 한 가지 주의할 점은 우리 아들을 다음 유형들 가운데 어느 하나에만 끼워 맞추
지 않았으면 하는 것입니다. 성향이 다르다 하더라도 남자아이라는 공통점이 있기 때문에 다
른 유형에 관한 해결책에서도 내 아들에게 도움이 될 만한 내용을 찾을 수 있을 겁니다. 또 내
마음에 썩 들지 않는 아이 친구가 있다면 그 친구를 이해하는 데에도 도움이 될 것입니다.

산만하고 장난기 넘치는,
상남자 유형

활동적이고 에너지 넘치며 적극적이고
자기표현이 적극적인 아들

교실 속 남자아이의 모습 가운데 가장 대표적인 유형입니다. 산만하고 장난기 넘치는 '상남자' 유형이지요. 제목만 보고도 '우리 아들이네' 싶으셨다면 먼저, 수고 많으셨다고 격려를 드립니다.

이 아이들은 교실에서 대부분 기분이 좋습니다. 들떠 있다는 표현이 어울리겠네요. 그렇기 때문에 차분히 앉아 있어야 하는 수동적, 일제식 형태의 수업에는 관심이 적고 가끔 돌아오는 게임, 역할극, 창의적 체험 활동, 동아리 활동 시간에 눈을 빛냅니다. 체육 시간, 쉬는 시간, 점심 시간이 되면 그 존재감이 단연 돋보이고요.

유쾌하고 재미있고 흥이 넘치는 아이들이라 친구들에게 인기도 많습니다. 특히 쉬는 시간과 점심 시간에 그 역할이 두드러져, 교실 뒤편에 모여 놀이를 하거나 운동장에서 공을 찰 때 주도권을 잡는 편입니다.

하지만 학급 전체 친구들을 매일, 매 순간 관리해야 하는 담임교사의 에너지를 가장 많이 가져가는 친구들이기도 합니다. 들뜬 마음을 조절하지 못해 다치는 일도 많고요, 의도치 않게 친구를 다치게도 하여 담임교사와 엄마를 불안하게 합니다. 새로운 학년의 학급을 편성할 때는 성적, 생년월일, 이름 등의 정보를 바탕으로 기본적인 배정을 하지만 마지막까지 학년 전체 담임교사들이 모여 신중하게 조율하는 것이 바로 에너지 넘치는 아들들을 반별로 적절히 배정하는 일입니다. 한 명씩 두고 보면 활발하고 재미있는 사랑스러운 아이들인데, 교실에서 비슷한 성향의 친구들과 뭉쳐 지내다 보면 에너지가 폭발적으로 강해지면서 장난으로 넘기기 어려운 사건이 일어날 수 있기 때문입니다.

상남자 아들을 키우시는 부모님께 담임교사로서 꼭 드리고 싶은 당부는 담임선생님과 적극적으로 상담하시라는 것입니다. 우리 아들이 적극적인 성향이며 평소 행동이 크고 활동적이라고 생각하신다면 담임선생님과의 상담은 필수입니다. 상담을 통해 아들의 학교생활을 조금 더 알아야 합니다.

첫 상담이라면 전화, 문자 상담보다 교실에 방문하여 아들에 관한 걱정스러운 부분을 솔직하게 말씀드리기를 강력 추천합니다. 아들의 행동 중에 수정이 필요하고 가정에서의 교육도 함께 이뤄져야 하는 부분이 있다면 연락을 달라고 당부하는 것도 꼭 필요합니다. 왜냐하면 이 아들은 교실에서 선생님께 자주 지적을 받기 때문에 상황이 반복되면서 선생님을 의식적으로 피하게 되고, 점점 선생님과의 관계가 불편해질 수 있기 때문입니다. 매일 오랜 시간 함께 지내는 담임선생님과 사이가 삐걱거리면 수업 참여도, 집중력, 공부의 흥미, 의욕 등이 전반적으로 낮아져 '학교 가기 싫다'는 부정적인 감정이 아무것도 하기 싫다는 무기력함으로 연결될 수도 있습니다.

씩씩하게 잘 자라는 것만 같은 아들이 교실에서 산만하고 시끄럽다는 말을 들으면 기분 좋을 부모는 없습니다. 어느 정도는 예상했으면서도 막상 속상하고 창피해서 중요한 과정을 외면하는 분들도 계십니다. 하지만 부모님과 담임교사가 쏟는 관심과 노력만큼 아들의 학교생활은 부드럽고 따뜻하게 바뀔 수 있습니다. 그래서 저는 활발하고 산만한 아들들 이야기를 가능한 솔직하게 부모님께 말씀드립니다.

"지석이는 쾌활하긴 하지만 지나치게 들떠 있고 산만합니다. 저는 아이의 장점을 최대한 살리면서 집중력, 차분함을 기르기 위해 노력하겠습니다. 부모님께서 지석이의 이런 교실 속 모습을 정확히 알고 계시는 것이 중요합니다. 앞으로도 가정에서의 지도와 훈육이 필요한 행동을 발견하면 말씀드리겠습니다."

이렇게 시작하면 일 년이 순탄합니다. 오해할 것도 서운할 일도 없습니다. 도움이 될 만한 몇 가지를 더 말씀드리겠습니다.

첫째, 시간이 약입니다

거의 모든 상남자 아들들이 이 경우에 속하는데요, 대부분 아들은 커 가면서 몰라보게 점잖고 의젓해집니다. 몇 년 전, 1학년 교실을 날아다니던 그 아이가 맞나 싶게 의젓하고 차분한 모습으로 공부하는 6학년 교실 속 남학생들을 보는 일은 흔합니다. 아직 불안하게만 보이겠지만 가정과 학교에서 격려하고 칭찬하면서 아들의 성장을 응원하고 기다려 주세요. 이 아들들은 '재미있는 것'과 '좋아하는 것'에 눈을 반짝이며 격하게 반응하는 공통점이 있습니다. 그래서 아들의 취향을 알기 위해 노력해야 합니다. 내 아이만의 속도, 내 아이만의 강점을 파악하고 인정한다면 시간이 좀 더 걸릴 뿐 그 누구보다 훌륭하고 의젓하게 성장할 것입니다.

둘째, 자기 통제력을 기를 기회를 주세요

항상 허용적인 부모가 항상 좋은 부모는 아닙니다. 뜻대로 하고 싶은 아들에게 "안 돼"라고 말하는 일은 결코 쉽지 않습니다. 번번이 아들의 기를 죽이는 것 같고 아들의 마음도 몰라주는 것 같아 미안한 마음이 듭니다. 하지만 이 시기가 스스로를 조절할 수 있는 자기 통제력을 기르는 중요한 시기임을 기억해야 합니다. 남에게 피해를 줄 수 있고, 위험한 행동을 하는 아들에게 간절히 원한다는 이유로 허용해서, 참지도 조절하지도 못하는 아들로 만들지 말아 주세요. 아들을 키우다 보면 때로 단호함이 절실한 순간이 분명히 있습니다.

부모의 단호한 훈계를 경험한 적이 없는 아들은 되는 것과 안되는 것을 구분하지 못해 교실에서 친구들이 부담스러워하고 같이 놀고 싶지 않은 존재가 되는데, 아이는 그 이유도 모른 채 외로워합니다. 그러니 아이를 믿으면서 하나씩 시도해 보세요. 하고 싶어도 참아 보는 경험, 하기 싫어도 해 보는 연습을 하면서 아이는 자신의 넘치는 에너지를 바른 방향으로 조절할 수 있게 됩니다.

셋째, 특별한 도움이 필요한 아들도 있습니다

부모와 교사의 지도만으로는 부족한 아들도 있습니다. 권유를 받았다면 흘려듣지 마시고 전문가를 만나 도움을 받아 보세요. 아들의 학교생활이 편하고 즐겁게 변할 것입니다. 그래서 아들의 담임선생님과의 긴밀한 상담이 필요합니다. 저는 교실에서 상남자 아들을 관심 있게 지켜보다가 전문가 상담, 도움, 치료가 필요하다 싶으면 용기 내어 말씀드립니다. "ADHD 성향에 해당하는 부분들이 상당히 있어 보이니 되도록 빠른 시간에 소아정신과 전문가와 상담해 보세요."

담임교사에게 이런 식의 조언을 듣고 무너질 부모의 마음을 모르지 않기에 신중을 거듭합니다. (저도 들어 봤고, 그때 제 마음도 바닥까지 무너졌더랬습니다.) 그럼에도 그 아들에게 필요하다는 판단이 들면 망설이지 않습니다. 그게 아이를 위한 일이니까요. '교실에서 잘 지내고 있다'라는 말로 적당히 둘러대고 넘어갈 수도 있지만 지금 우리 아들에게는 특별한 도움이 절실히 필요할 수 있습니다. 상담과 약물치료를 하자 눈에 띄게 차분해지면서 교실 안 친구들과 부드럽게 지내는 아들을 보면 용기 내어 말씀드리길 잘했다는 생각이 듭니다.

하지만 아쉽게도 반응은 다양합니다. 모를 뻔했는데 알려 주셔서 감사하다는 분도 계시지만, 어디 멀쩡한 우리 아이를 이상하게 몰아가느냐며, 그럴 리 없다고 노골적으로 불편함을 드러내시기도 합니다. 어떻게 반응하고 어떤 조치를 취하느냐는 부모의 선택입니다. 감정보다 중요한 기준은 '어떤 선택이 지금의 우리 아들에게 유익할까'라는 사실임을 기억해 주세요. (덧붙이자면, 제 아들은 현재 충동, 틱을 억제하는 약을 먹고 있으며, 덕분에 교실에서의 다툼, 떼, 울음, 과잉행동, 산만함 등이 느리지만 조금씩 나아지고 있습니다.)

우리 아이가 혹시? ADHD 체크 리스트

주의력결핍 과잉행동 장애(ADHD) 평정 기준은 미국 정신건강의학협회에서 편찬한 정신건강 진단 매뉴얼의 진단 기준에 따라 만들어졌으며, 전체 18문항으로 구성되어 있습니다. **총점이 19점 이상일 경우 담임선생님, 전문가와의 상담이 필요**합니다.

항목	아이의 행동	그렇지 않다 0점	때때로 그렇다 1점	자주 그렇다 2점	매우 그렇다 3점
1	세부적인 면에 대해 꼼꼼하게 주의를 기울이지 못하거나 학업에서 부주의한 실수를 한다.				
2	손발을 가만히 두지 못하거나 의자에 앉아서도 몸을 꼼지락거린다.				
3	일을 하거나 놀이를 할 때 지속적으로 주의를 집중하는 데 어려움이 있다.				
4	자리에 앉아 있어야 하는 교실이나 다른 상황에서 앉아 있지 못한다.				
5	다른 사람이 마주 보고 이야기할 때 경청하지 않는 것처럼 보인다.				
6	그렇게 하면 안 되는 상황에서 지나치게 뛰어다니거나 기어오른다.				
7	지시를 따르지 않고, 일을 끝내지 못한다.				
8	여가 활동이나 재미있는 일에 조용히 참여하기가 어렵다.				
9	과제와 일을 체계적으로 하지 못한다.				
10	끊임없이 무엇인가를 하거나 마치 모터가 돌아가는 듯 움직인다.				
11	지속적인 노력이 요구되는 과제(학교 공부나 숙제)를 하지 않으려 한다.				
12	지나치게 말을 많이 한다.				
13	과제나 일을 하는 데 필요한 물건들을 잃어버린다.				
14	질문이 채 끝나기도 전에 성급하게 대답한다.				
15	쉽게 산만해진다.				
16	차례를 기다리는 데 어려움이 있다.				
17	일상적으로 하는 일을 잊어버린다.				
18	다른 사람을 방해하거나 간섭한다.				
	계			점	

※출처 : 대한 성장의학회

오로지 뛰어놀
생각으로만 가득 찬,
백만돌이 유형

운동, 체육, 실외 활동에 높은 관심을 보이는
건강하고 활기찬 아들

교실의 아침, 하루를 준비하느라 분주한 나를 향해 슬며시 다가와 씩 웃으며 한마디 건네는 아이. 어떤 말을 꺼내려는지 충분히 짐작하지만 모르는 척 궁금한 표정을 지어 보입니다. 우리의 이런 대화는 처음이 아닙니다.

"선생님!"
"응, 태원이 할 얘기 있어?"
"선생님 오늘 체육 든 거 아시죠?"

"당연하지."

"아싸, 얘들아, 오늘 체육 한대!"

일주일에 세 번, 체육 수업이 있는 날 아침이면 반복되는 교실 풍경입니다. 교실에는 학교에 오는 이유와 목표가 오직 체육 수업인 아이들이 있습니다. 친구들과 만나 축구하며 뛰어놀고 장난치는 것이 학교생활의 가장 큰 낙인 아이들 말이죠. 저는 이런 아이들을 백만돌이라 부릅니다. 체육 시간, 점심 시간, 쉬는 시간에 교실 밖으로 나갈 때 가장 행복한 표정을 짓는 이 백만돌이들을 보고 있으면 그 에너지가 그대로 전해져 저도 덩달아 힘이 납니다.

이 아이들은 움직이고 싶은 욕구를 좀체 참지 못해 하루가 바쁩니다. 쉬는 시간에는 복도를 내달리고 교실 바닥을 구르는가 하면, 점심 시간에는 밥을 급히 욱여넣고는 운동장으로 뛰어나가 이내 피구나 축구, 농구에 몰두합니다. 수업 시작을 알리는 종소리에 그제야 복도와 계단을 급하게 뛰어오르다 마주치는 선생님의 가벼운 잔소리를 듣는 일이 일상입니다. 뛰고 들어온 아이들의 목덜미에 흐르는 뜨거운 땀과 벌건 얼굴, 아직 식지 않은 거친 숨을 보고 있자면 이렇게 에너지 넘치는 아이들에게 책상에 앉아 긴 시간을 보내는 하루가 얼마나 답답할까 싶습니다. 수시로 높은 곳에서 뛰어내리고 주변에 있는 물건들을 집어 던지는가 하면, 걷기보다 달리기가 익숙한 이 녀석들은 엄마에게 지옥을 맛보게 했을 겁니다. 이 아이들은 놀이터와 운동장에서 보낸 긴 시간만큼 제법 훌륭한 운동 실력을 갖고 있으며 덕분에 체육 시간, 자유 놀이 시간에 주도권을 갖고 그 시간을 이끌어 갑니다. 운동 실력을 권력으로 인정하는 남자아이의 세계에서 인기가 많을 수밖에 없으며 자연스레 친구 관계에도 큰 어려움 없이 잘 어울려 지내는 경우가 대부분입니다. 가끔 함께 운동하던 친구들끼리 투닥거리기도 하지만 복잡하거나 심각하지 않습니다. 늦은 저녁까지 놀이터를 지키면서도 끄떡없는 강한 체력을 갖고 있으며 많이 움직인 만큼 먹기도 잘 먹습니다. 기본 체력이 우수하기 때문에 감기 등의 가벼운 질병은 거뜬히 이겨 내곤 합니다.

이렇게 잘 뛰어노는 건강한 아들을 바라보면서 부모들이 기쁨보다 걱정이 앞서는 이유는 본분인 학습에는 크게 관심이 없다는 점 때문일 겁니다. 가끔 학습과 운동 모두에 두각을 나타내는 친구도 있지만 그건 정말 드문 경우입니다. 수업 중에는 방과 후 남는 시간에 무엇을 할지 누구와 어디서 놀지 머릿속으로 계획하고, 쉬는 시간에는 친구들과 모여 약속을 정하느라 바쁩니다. 물론 빡빡한 학원 스케줄로 시간이 충분치 않지만 그만큼 정성스럽게 만남을 계획합니다.

그러다 보니 수업 시간에 집중을 못하고 산만한 모습을 보이거나 모둠에서 소극적인 모습을 보일 때가 많습니다. 운동장과 교실에서의 모습이 참 다르지요. 에너지를 운동에만 지나치게 쏟아 버렸거나, 적절하게 쏟을 만한 기회를 얻지 못해 스트레스가 높은 상황이라면 그 정도는 더욱 심해집니다. 담임선생님과 상담을 하다 '아이가 즐겁게 생활하고는 있는데, 수업 태도는 좀 걱정스럽다'는 내용을 들으실 수도 있습니다.

저는 일주일에 6일은 운동을 해야 속이 시원해지는 운동 덕후입니다. 초등 시절에는 해가 질 때까지 종일 동네를 누비며 뛰어놀았고, 그때 다졌던 운동 실력과 체력으로 지금까지 잔병치레 없이 건강하게 생활하고 있습니다. 같은 유년 시절을 보낸 선배로서 지금의 대한민국 교육 환경은 남자아이들의 신체 움직임에 대한 욕구를 충족시켜 주지 못한다는 현실이 안타깝습니다. 더 자유롭게 충분히 뛰지 못하는 아쉬움을 이해합니다. 움직이도록 타고난 남자아이들이 움직이지 못하도록 만들어진 교육과정 속에서 힘들어하는 모습은 내 일처럼, 내 아이의 일처럼 안타깝습니다.

몇 년 전, 6학년 담임을 하면서 1년간 학급 내 농구리그를 운영한 적이 있었습니다. 아침 시간, 점심 시간, 방과 후 시간, 체육 시간 등을 최대한 활용하여 남학생과 여학생을 혼합한 일곱 개 팀으로 리그를 진행했습니다. 하루가 멀다하고 손가락 염좌 환자들이 속출했지만 다투는 아이, 소외된 아이, 의욕 없는 아이들이 점차 사라졌습니다. 운동을 하면서 스트레스를 충분히 해소하고, 구체적인 목표까지 있으니 생동감 있는 하루하루를 보낼 수 있었습니다. 숙제와 평가에는 관심 없던 친구들이 보너스 게임 추가를 외치면 숙제와 평가에도 최선을 다해 참여했습니다. 덕분에 학습 면에서나 생활 면에서 소외됐던 친구들도 울타리 안으로 기꺼이 들어와 주었습니다. 정기적인 신체 활동은 무기력함과 과잉 행동으로부터 아이들을 구해 내는 데 효과적인 역할을 하며, 학습 의욕에까지 영향을 미칠 수 있다는 사실을 절감했습니다. 자, 그렇다면 건강하고 활기찬 우리 아들, 어떻게 도와주면 좋을까요?

＼ ＼ ／ ／

첫째, 몸을 더 충분히 움직일 수 있게 해 주세요

이런 유형의 남자아이들을 수업에 참여시키고 학습 의욕을 높이는 방법은, 충분히 만족할 만큼 뛰어놀게 해 주는 것입니다. 아기가 잠을 충분히 자고 일어나야 기분 좋게 잘 놀 듯, 충분히 몸을 움직이면서 스트레스를 해소한 남자아이들은 그제야 공부라는 새로운 영역에도 관심을 보이기 시작합니다.

일단 내가 원하던 것이 이루어져야 다른 것들에 관심을 갖는 여유가 생기는 것은 당연합니다. 남자아이들이 가장 원하고 자신감 넘치는 체육 활동을 충분히 확보해 주는 것이, 학습 집중력을 높이는 데 가장 쉽고 확실한 방법이 될 수 있는 이유입니다.

가정에서도 아들의 일과를 계획할 때, 억지로 책상에 앉혀 두 시간을 공부시키는 것보다 아이가 먼저 몸을 움직일 수 있도록 한 시간을 앞서 확보해 주고 나머지 한 시간 동안 집중력 있게 과제를 마치도록 이끌어 주세요.

이 유형의 남자아이들은 운동뿐 아니라 지적, 심미적 욕구와 승부욕, 성취욕 또한 강해 색다르고 관심 있는 주제와 흥미거리를 제공하면 거기에 금세 푹 빠져들고 놀랍도록 빠르게 적응합니다. 이런 남자아이에게는 학습 위주의 계획표를 강요하지 말고, 넉넉한 정규 체육 시간 운영과 더불어 다양하고 적극적인 교내 운동 동아리 활동, 운동 대회 참가 등의 다양한 지원이 필요합니다.

학교에서의 운동 시간과 평일 방과 후 놀이 시간만으로는 충분치 않을 수 있습니다. 주말과 방학을 활용해 가족, 친구들과 만족스러운 신체 활동이 이루어질 수 있도록 계획을 세워 보는 것도 좋습니다. 운동에서 얻은 자신감, 성취감, 체력이 앞으로의 학습과 생활에 큰 힘을 실어 줄 것입니다. 학습에 관심이 없는 학생인 것은 맞지만 동시에 탁월한 운동 능력을 가진 건강한 아이이기도 합니다. 잊지 마세요. 부모가 아이를 어떤 시선으로 바라보느냐에 따라 아이는 다른 모습으로 성장해 간다는 것을요.

둘째, 최소 학습량으로 매일 습관을 만들어 주세요

에너지 넘치는 아들에게는 성적보다 습관입니다. 공부를 못해도 상관없다는 뜻이 아니고요, 넘치는 에너지 때문에 엉덩이가 가벼운 아들에게는 습관을 만드는 일이 우선이고 더 중요하다는 의미입니다. 날마다 끝까지 해낼 수 있을 만큼의 최소 분량을 정해 주고 끝까지 해냈다는 성취감을 느끼면서 엉덩이 힘을 기르게 해 주세요. 무섭게 혼내면 앉아서 하긴 하겠지만 그렇게 혼나기 싫어서 하는 수동적인 공부는 오래가지 않습니다. 아들의 넘치는 에너지가, 잘 잡힌 습관으로 공부에도 사용되길 바라는 마음으로 날마다 칭찬해 주세요. 엄마의 칭찬은 곧 공부 자신감으로 이어질 것입니다.

셋째, 공부 이외의 강점을 발견해 주세요

공부에 재능이 보이지 않는 아이라도 다른 강점이 있을 것입니다. 아이들의 강점을 발견하는 일은 진로 결정에 가장 중요합니다. 아이가 잘하는 것, 좋아하는 것, 자주 하고 싶어 하는 일이 아이의 강점일 가능성이 매우 높습니다. 공부할 때 엉덩이를 들썩거리며 괴로워하는 아이라면 공부 말고 다른 무엇을 할 때 강하게 집중하고 눈을 반짝이는지, 어떨 때 가장 자신감 넘치는지 관찰하고 찾아내 주세요. 공부는 운동, 미술, 음악처럼 재능의 한 가지일 뿐 인생의 전부가 아니라는 점을 마음에 새겨야 합니다. 내 아들의 숨어 있는 재능이 아직 보이지 않을 뿐인데 오직 공부만 생각하고 보석처럼 빛날 재능을 지나쳐 버리는 일이 없도록 더욱 눈을 크게 뜨고 관심 있게 바라봐 주세요.

생각이 많고 속도가 느려,
매번 '빨리 좀 해'라는
말을 듣는 유형

여유롭고 느긋하며 자기만의 속도로
결국 해내는 아들

지호는 참 여유롭습니다. 표정과 말투, 행동 모두 느긋합니다. 학기 초에는 어쩜 저렇게 의욕이 없을까 싶었습니다. 하지만 시간이 흐르면서 알았습니다. 의욕이 없는 것이 아니라 나름대로 굉장히 서두르고 있었다는 것을요. 지호는 과제를 만나면 무엇부터, 어떻게 해야 할지를 생각하고 계획한 후에 시작하려고 합니다. 하지만 그때는 이미 주어진 시간이 다 끝나 있습니다.

지호의 이런 면이 문제가 되는 때는 바로 모둠 활동 시간입니다. 계획하고 생각한 후에 시작하려는데 다른 친구들은 이미 끝내고 정리 중입니다. 지호는 모둠 활동에 열심히 참여하지 않았다며 친구들에게 핀잔 듣는 일이 잦았고 나중에는 시작부터 아예 소외되는 상황이 벌어지기도 했습니다. 친구들이 지호의 느림을 이해하고 기다려 줄 때도 있지만 아주 가끔입니다. 친구들은 지호의 부모도 담임선생님도 아니기에 매번 참을성 있게 이해하고 기다려 주지 않습니다. 쉬는 시간에까지 과제를 수행하느라 애쓰는 지호를 돕는다고 친구가 몇 마디 할라치면 잔소리 좀 그만하라며 짜증을 내다 결국 다툼으로 이어지기도 했습니다. 또, 이 유형의 아이들은 주변 정리가 잘되지 않는 특징을 보입니다. 교실은 30여 명의 아이들이 함께 생활하는 공간입니다. 그렇다 보니 자기 물건을 잘 관리하지 못해 잃어버리거나 망가지는 일이 자주 생기고 하루에도 몇 번씩 친구와 다툼이 일어나기도 합니다. 지호 책상 위에도 1교시부터 사용한 교과서와 필기구가 쌓여 있고, 의자 뒤에 걸린 책가방은 늘 입을 벌리고 있었습니다. 책상 속은 구겨진 종이뭉치와 각종 쓰레기로 가득 차 공책 한 권조차 넣을 공간 없이 삐져나와 있었고요. 볼 때마다 정리하는 법을 가르쳐 주고 도와주지만 몇 달이 지나도록 크게 달라지지 않았습니다. 노력한 만큼 인정받지 못하고 계속 잔소리만 들으니 지호는 의욕과 성취감이 떨어지면서 무기력해 보이기까지 했습니다. 우리 지호 같은 아들들, 답답하고 걱정되시죠?

첫째, 아들의 속도를 인정해 주세요

이런 유형의 아들은 결정하고 행동으로 옮기는 데에 항상 조금 긴 시간이 필요합니다. 단, 느려도 좋으니 끝까지 해내는 습관을 갖게 해 주세요. 느리다는 이유로 하다가 말고, 하다가 말고를 반복하는 것이 이 아들에게는 가장 안 좋은 습관입니다. 끝까지 해냈다는 성취감과 자신감이 가득한 상태에서 '조금 더 빠르게 완성해 보자'라는 도전을 제시해야 합니다.

'느린 것도 모자라 결과물도 엉망이야. 나는 왜 이렇게 못하는 걸까'라는 자기에 대한 부정적인 감정을 가지기 쉽기 때문에 부모의 말 한마디가 큰 영향을 미칠 수 있습니다. '빨리 좀 해'라는 잔소리는 너무 많이 들었기 때문에 큰 자극이 되지 못합니다. '우리 아들, 엄청 부지런하게 끝냈네'라는 긍정적인 표현으로 아이 스스로 노력하게 도와주세요.

둘째, 스스로 해냈다는 성취감을 맛보며 성장하게 해 주세요

느린 아들은 가정에서도 도움 받는 일이 아주 당연했을 겁니다. 아들에게 누군가를 돕는 경험을 하도록 해 주세요. 저는 점점 위축되고 무기력해지는 지호를 그냥 볼 수 없었습니다. 고민 끝에 지호를 따로 불러 교실 앞 알림판 정리와 자료 게시를 맡기기로 결심했습니다. 사실 시작할 때는 저도 살짝 의심이 들었습니다. '과연, 지호가 이 일에 흥미를 보이고 적극적으로 수행할까?', '이런 일을 맡긴다고 정말 아이의 성향이 달라질까?'.

그런데 처음에는 분명 낯설어하고 쭈뼛하던 지호가 느린 속도지만 조금씩 달라져 갔습니다. 반 전체 아이들을 대표해 알림 자료를 게시하는 일이 재미도 있고 뿌듯했나 봅니다. 제게 수시로 찾아와 바꿀 내용은 없는지 확인하기도 하고 쉬는 시간에도 틈틈이 주변에 흐트러진 것들을 정리하기 시작했습니다. 반 친구들의 칭찬과 격려도 큰 몫을 했습니다. 시간이 지나면서 자연스레 지호의 책상과 사물함은 전보다 깔끔해져 갔습니다. 정리의 매력을 알아 가면서 표정에도 자신감이 생겼습니다.

그렇게 한 달여가 흘렀고 이제는 지호에게 정리에 관해 이야기할 필요가 없어졌습니다. 자리가 정리되자 과제를 수행하는 데 걸리는 시간이 자연스레 줄어들었습니다. 정리된 책상도 신기했지만 시간과 할 일을 머릿속으로 계획하는 방법을 조금씩 알아 가는 모습이 참으로 놀라웠습니다.

지호의 변화와 성장은 교사인, 그리고 아빠인 저에게 큰 가르침을 주었습니다. 느긋한 아들은 이처럼 실패할 가능성이 낮은, 쉽고 간단한 일들을 통해 성취감과 자존감을 높여 주는 것이 좋습니다. 자기 주변을 정리하는 일부터 시작하면 좋습니다. 학업 성취도와 학교에서의 생활 만족도가 높은 아이들, 흔히 말하는 우등생들은 주변 정리가 잘되어 있다는 공통점이 있습니다. 둘 사이의 선후 관계를 명확히 따지기는 어렵지만 정리가 잘되어 있는 경우 학습 의욕과 흥미를 갖기 쉬울 뿐 아니라 효율적으로 활동에 집중할 수 있어 아이들에게 큰 도움이 됩니다. 아이를 이해하고 바라보며 기다려 주는 것도 물론 중요하지만, 관심 없는 방치는 아이의 소중한 시간과 기회를 버릴 수 있다는 것 또한 기억하세요.

셋째, 반드시 달성할 수 있는
목표 시간을 정해 주세요

행동이 느린 아들은 공부하는 속도도 참말로 느립니다. 일기 몇 줄 쓰는 데 한 시간이 넘게 걸리고, 문제집 한 쪽 풀면서도 마찬가지입니다. 분량으로 기준을 세웠기 때문입니다. 지금부터 몇 시까지 마무리하자, 라고 하는 구체적인 시간(2, 30분 정도의 짧은 시간으로 시작)을 안내해 주고 시간 안에 끝냈을 때 즉각적인 보상을 해 주세요. 욕심내면 실패합니다. 무조건 넉넉하게 끝낼 수 있을 정도의 여유로운 시간을 주고 성공을 경험하게 해야 합니다.

언제나 느리고, 못 끝내고, 제대로 못해서 혼나고 비교당하던 느린 아들에게는 '나도 목표한 시간 안에 완성했어'라는 성취감이 절실하게 필요합니다. 공부뿐만 아니라, 정리, 식사, 숙제, 독서 등 생활의 모든 영역에서 반드시 달성할 수 있는 목표 시간을 정해 주세요. 우리 아들을 더욱 멋지게 성장시키는 열쇠가 될 것입니다.

책 읽기와
혼자 노는 걸 좋아하는,
다소 정적인 유형

어른들 이야기에 관심이 많고
혼자 있는 시간을 편안해하는 아들

"오늘은 누구랑 놀았어?"라고 물으면 한결같이 "같이 놀고 싶은 친구가 별로 없어서 도서관에서 책 읽었어."라고 대답하는 아이가 있습니다. 제 아들 규현입니다.

"마음이 잘 맞거나 대화가 잘 통하는 친구는 없어?"

"민석이랑 잘 통하는데 다른 반이라 자주 만나지 못하니까."

"그럼 네가 찾아가서 만나도 되잖아."

"뭘 그래. 우연히 만나면 좋은 거고 아니면 책 읽고 공상하면 돼."

규현이가 저학년 때 저와 종종 나누었던 대화입니다. 아이에게 학교생활을 물어보면 대부분 '특별히 재미있는 일들이 없다. 관심사가 맞는 친구가 없다. 애들은 만화 이야기만 하는데 그런 건 유치하다'였습니다. 아들의 성향이 저를 닮아 있는 모습이 재미있고 뿌듯하면서도 그 성향의 단점과 어려움을 누구보다 잘 알기에 안타까운 마음도 같이 있습니다.

규현이는 어려서부터 책 읽기를 좋아하고 어른들 이야기에 관심이 많아서 어른들의 이야기에 귀를 쫑긋 세우고 있다가는 슬그머니 끼어들기를 좋아했습니다. 그러니 또래들과의 대화가 재미있을 리가 없었겠지요. 처음에는 다른 아이들보다 똑똑해 보이는 아이가 기특했지만 점차 걱정과 불안한 마음이 생겼습니다.

"친구를 잘 못 사귀면 어쩌지? 이러다 반에서 혼자 외롭게 지내는 거 아냐?" 고민 끝에 아이 엄마는 반 아이들과 함께 어울릴 수 있는 축구 수업에 데리고 다녔습니다. 다행히 정적인 성향임에도 운동을 좋아하는 편이라 운동을 하며 시간을 보내는 동안 조금씩 마음을 열었습니다. 덕분에 학교나 방과 후에 친구들과 따로 만나 어울리는 시간도 늘어났고요. 하지만 타고난 성향을 감추기 어려워 6학년인 지금까지도 친구들과 어울리기보다는 혼자 보내는 시간을 편안해 합니다.

첫째, 빠른 속도를 인정하고
긍정적으로 바라봐 주세요

아이들이 학교에 가는 큰 이유 가운데 하나는 친구들과 선생님을 통해 사회를 경험하고 배우기 위해서입니다. 학습도 중요하고 다양한 활동도 중요하지만, 무엇보다 앞으로 살아가며 겪어야 할 '사람'을 경험하고, 그들과 어울리며 관계 맺는 일을 해야 합니다. 그런데 그 '사람'에 큰 관심을 보이지 않고 '사람'과의 관계에서 즐거움을 얻으려고 노력하지 않는 아들을 보면 불안한 건 당연합니다.

느린 아들을 키우는 부모는 조숙한 아들을 보면 부럽겠지만 빠른 아들을 키우는 부모의 고민도 만만치 않습니다. 느린 아들을 빠르게 가라고 재촉하는 것이 한계가 있듯 빠르게 성장하는 아들을 억지로 느리게 하는 일 역시 불가능합니다. 그러니 바른 방향으로 가고 있다는 확신이 있다면, 아들의 속도를 이해하고 조숙함에서 오는 강점을 살리기 위해 애써 주세요.

관심을 가질 만한 시사, 경제, 정치, 과학, 문학 등에 관한 깊은 대화를 나누며 또래보다 높은 독서를 이어 갈 수 있도록 지도해 주세요. 친구들과 허물없이 잘 어울리는 아들이면 좋겠지만, 혼자 있는 시간의 힘을 알고 있는 아이는, 그 특별한 힘으로 세상을 놀라게 만들 수 있답니다.

둘째, 가정에서 출발해 주세요

아이의 마음은 어떨까요? 아이도 사실은 친구를 만나고 싶습니다. 다만 '아무나'와 친구가 되고 싶지는 않은 겁니다. 말이 통하고 마음이 통하는 진짜 친구 한 명과 깊이 있는 대화를 나누고 싶은 건데, 1년이 지나도록 마땅히 마음 붙일 친구를 만들지 못한 경우도 많습니다. 교실의 친구 관계라는 것은 아이의 노력도 필요하지만 어느 정도 '운'이 작용하는 것이라 작년 한 해 동안 마음 맞는 단짝과 즐겁게 지냈던 아들이 올해는 영 외로워 보일 수도 있습니다. 아이의 노력만으로는 한계가 있다는 말입니다. 그런 아이에게 '너는 왜 친구들과 함께 어울려 놀지 않냐', 혹은 '친구들에게 먼저 다가가고 적극적으로 행동해 봐'라는 조언은 도움이 되지 않습니다. 아이도 친구를 찾고 있지만 마음처럼 만나지지 않아 속상해하고 있을 거예요.

아이를 다그치고 억지로 관계를 만들어 주려 애쓰기보다는 교실에서 외로웠을 아이가 집에 돌아와 가족과의 대화에서라도 마음속 이야기를 꺼낼 수 있게 분위기를 만들어 주세요. 사람들과 함께 하는 대화가 재미있고 유익하다는 것을 느끼고 나면 머지않아 교실에서도 마음을 열어 보일 것입니다. 또 아들이 책, 학습에서 벗어나 색다른 즐거움을 경험할 수 있는 여행, 캠프, 봉사 활동 등을 시도해 주세요. 낯선 장소에서 낯선 사람들과 어울리는 경험을 하고 나면 교실 속 친구들에게 마음을 여는 일이 한결 쉬워질 수 있습니다.

셋째, 친구들에게 마음을 열 수 있도록 지속적인 대화를 시도하세요

재미가 없다는 이유로 친구와 친해지려는 시도조차 하지 않는다면 그냥 두고 보지 않았으면 합니다. 조금 더 노력해 보자는 부모님의 격려는 아이에게 새로운 결심을 하게 합니다.

어른이 되어 넓은 인맥을 자랑하려는 것이 아닙니다. 어린 시절, 좋아하는 친구와 즐겁게 보냈던 추억의 힘은 평생의 재산이 됩니다. '나는 마음 맞는 친구가 없어서 외로워'라는 식의 패배감을 가진 아이에게 '노력하면 언젠가는 인생 친구가 생길 거야'라는 긍정적이고 따뜻한 기대를 심어 주어야 합니다.

자기 주장 없이,
친구들에게 이리저리
끌려다니는 유형

언제나 친구들과 갈등 없이 행복하게 지내는
유순한 성격의 성인군자 아들

혹시 학기 말 생활통지표 '학기 말 종합 의견'에서 아래와 같은
내용을 본 적이 있으신가요?

웃는 모습이 나이에 비해 귀엽고 해맑은 학생입니다.
친구들과 다투는 일이 거의 없어 인기가 많습니다.
친구들의 의견을 존중해 주고 도움이 필요한 친구에게
즐거운 마음으로 도움을 주는 학생입니다.

착한데, 참 착한데, 착한 건 너무 잘 알겠는데 그걸 보는 엄마는 친구들에게 지나치게 끌려다니는 것 같아 애가 탑니다. 이래도 좋고 저래도 좋은 아들을 보면 착하지 않아도 좋으니 자기 생각을 좀 분명하게 말했으면 싶고, 여기저기 끌려다니기보다는 친구들을 좀 이끌고 다녔으면 하는 마음입니다. 해마다 반에 두세 명씩은 있는 성인군자 같은 아들입니다. 친구들이 의견을 내면 불만 없이 따라 주고, 친구들이 하는 말을 끝까지 잘 들어 주니 특별한 갈등 없이 평화로운 나날을 보냅니다. 눈에 띄는 사고를 일으키지 않아 교실의 다른 아들들보다는 존재감이 덜한 편이지만 유순한 성격 덕분에 담임선생님의 신임과 애정을 얻습니다.

압도적인 장점에도 불구하고 엄마들의 속이 상하는 이유는, 이런 유형의 아들 가운데 상당수가 자기 주장이 분명하지 않고, 아무런 의욕이 없어 보이기 때문입니다. 그렇다면 정말 이런 유형의 아들들은 이루고 싶은 욕심이 없는 것일까요? 친구들의 의견이 모두 만족스러워서 그들의 의견을 그대로 따르는 것일까요? 늘 그렇지는 않습니다. 이러한 아들의 성향은 크게 두 가지 유형으로 나누어 생각해 보아야 합니다. 유형에 따라 도움을 줄 수 있는 방법에 차이가 있기 때문에 우리 아들이 둘 중 어떤 유형인지 파악하는 것이 중요합니다.

첫째, 적극적으로 해 보고 싶지만
잘 모르거나 자신이 없는 아들입니다

마음으로는 많은 말을 떠올리지만 실제로는 용기가 부족해 표현하지 못하는 유형의 아이입니다. 어쩌다 본인이 하고 싶은 것을 표현하더라도 친구들의 반응이 없으면 끝까지 주장하기보다는 친구들이 하자는 대로 따라가는 편을 택합니다. 이런 과정을 반복하며 계획하고 주도하여 성취해 내는 기쁨보다 책임지지 않는 편안함을 학습하고 결국 결정에 따르는 부담에서 자유로워집니다. 이런 성향이 학습 영역에까지 영향을 미친다면 스스로 계획하고 시도해 나가는 능력을 현저히 떨어뜨립니다.

어릴 때는 똘똘하게 말도 잘하고, 하고 싶은 것도 곧잘 표현하던 야무진 아들이 변해 가는 모습을 보면 엄마는 안쓰럽기도 하고 한편 화도 납니다. 급기야 상처 주는 말을 뱉고야 맙니다. 아들의 마음은 어떨까요? 도전해 보고 싶고, 잘해 보고 싶고, 자신 있게 나서 보고 싶은데 마음처럼 되지 않고 실패하고 움츠러드는 자신을 보면 어떤 기분이 들까요? 친구들에게 끌려 다니고 싶지 않은데 나를 따라오는 친구들이 없는 상황을 어떻게 해결하고 싶을까요?

이런 아들에게 가장 필요한 것은 '아주 작은 성공 경험'입니다. 작은 성취감이라도 하나씩 꾸준히 경험하는 것이 중요합니다. 누구나 자신 있는 분야가 한 가지씩은 있습니다. 다른 사람과 비교했을 때 그들보다 잘하는 것이 아니라, 오직 나에게 가장 자신 있는 분야를 뜻합니다. 우리 아들이 어떤 것을 할 때 가장 자신감 넘치고 목소리에 힘이 들어가는지를 떠올려 보세요. 그게 우리 아들이 교실에서 가끔이라도 주도권을 잡고 자신감을 찾게 만드는 열쇠가 될 수 있습니다.

조용하고 소극적인 아들이지만 종이접기를 유난히 즐기고 좋아한다면 쓸데없는 짓 그만하고 공부나 하라고 하지 마시고, 관심 있는 것을 더욱 잘할 수 있게 도와 주세요. 종이접기 책을 보면서 연습하고 영상을 찾아보며 신기한 작품에 도전하게 해 주세요. 적어도 종이접기 하나만큼은 친구들 사이에서 최고라는 자신감을 갖게 하는 겁니다. 아들들이 교실에서 좋아할 만한 분야는 종이접기 외에도 줄넘기, 피구, 딱지치기, 자동차 그리기, 마술 등이 있습니다.

스마트폰 게임을 잘하면 더 빨리 인정받겠지만 작은 것을 얻기 위해 큰 것을 희생하지는 말아야겠죠? 적어도 교실 안에서는 스마트폰 게임 말고도 친구들의 인정을 받을 만한 기회가 많습니다. 또 요즘 초등학교에서는 점점 학생이 주도하는 동아리 활동들을 권장하고 지원하는 움직임이 생겨나고 있습니다. 종이접기에 자신 있고 흥미도 있다면 내가 만든 결과물을 전시하거나 소개하며 동아리 친구들을 모집하는 기회로 이어질 수도 있습니다.

이 과정을 통해 자연스럽게 친구들 사이에서 리더 역할을 경험하면서 성취의 경험을 얻을 수도 있습니다. 혼자가 어려운 경우는 친한 친구와 힘을 모아 동아리를 구성하고 추진해 보는 것도 좋은 경험이 될 것입니다. 아들이 다니는 학교에 이런 형태의 동아리 활동이 아직 시작되지 않았다면 학년 말 즈음 〈교육과정 운영에 관한 설문조사〉를 실시할 때 적극적으로 이에 관한 의견을 내주시는 것이 아들과 학교 모두를 위해 좋습니다.

둘째, 특별히 잘하고 싶은 게 없고,
하자는 대로 하는 것이 불편하지 않은 아들입니다

이 유형의 아들은 앞 유형의 아들과 달리 성공의 경험을 통해 기본 성향이 바뀌기를 기대하기는 어렵습니다. 느긋함, 낙천적인 성향, 욕심 없는 소탈함, 일상의 깊은 만족감 등의 성향을 타고났기 때문에 바꾸려는 노력이 오히려 스트레스가 됩니다. 이런 아들의 성향을 바꾸려 애쓰기보다 있는 그대로의 모습에서 즐거움을 찾도록 도와주세요. 그것이 현실적인 방법입니다. 본인이 원하지 않는 기본 성향은 잘 바뀌지도 않을 뿐만 아니라 바꾸려는 과정에서 부모님과 아이 모두 상처받을 수 있습니다.

솔직한 마음이 그렇습니다. 특별히 더 먹고 싶은 것도, 더 해 보고 싶은 것도, 꼭 되고 싶은 것도, 못해서 아쉬운 것도 없습니다. 어떻게 보면 무기력하고 아무 생각 없는 아들로 보일 수 있지만 그것과는 좀 다릅니다. 자신에게 주어진 것에 아쉬움과 불만을 품지 않고, 가진 것에 대한 만족도가 상당히 높을 뿐입니다. 그래서 늘 싱글거리며 친구들과의 관계도 원만합니다.

일상에 관심 가는 일이 많지 않기 때문에 다른 친구들보다 경험하고 배울 기회가 부족한 듯 보이지만, 필요한 것 대부분을 잘 배워 나가고 있습니다. 부모님께서는 이를 충분히 인정해 줄 필요가 있습니다.

억지로가 아닌 진심으로 친구들이 하자는 대로 맞춰 주고 어울리기 때문에 친구들 사이에서도 함께하고 싶은 친구로 꼽힙니다. 그런 일로 본인이 스트레스를 받지 않고, 친구들에게 불합리하게 이용당하거나 휘둘리지 않는다면 크게 걱정하지 않으셔도 괜찮습니다. 늘 모든 것을 주도해야만 직성이 풀리고 그렇지 않으면 아쉬움을 느끼는 아들보다 훨씬 더 행복하고 즐거운 학교생활을 하고 있을 가능성이 높습니다.

아이의 성향과 특성을 존중하며, 다양한 경험을 해 보면서 관심사를 찾고 이에 집중할 수 있도록 배려하는 부모의 응원이 아이에게는 큰 힘이 됩니다. 엄마의 바람을 조금만 내려놓으면 아들은 아무 문제가 없습니다.

자기 주장이 지나치게 강해, 뭐든지 자기 뜻대로만 하려는 유형

똑똑하고 리더십이 강하며 자기 주장이 분명한 반장 아들

넘치는 자신감에 자존감이 높고 흥이 많다. 어른이 되면 반드시 대통령이 되겠다고 이야기하고 다니며 학급에서는 반장을 도맡아 한다. 그러면서 자신을 향한 주변의 시선을 그다지 의식하지 않고 그런 반응을 오히려 즐긴다. 학급에서 어떤 활동을 하든 늘 주도적인 역할을 맡고 싶어 하며 그렇지 못할 때는 속상해한다. 모든 일마다 자신감 넘치게 도전하고, 능숙하지 않은 영역에서도 어김없이 목소리를 높이기 때문에 친구들도 그러려니 자연스럽게 따라가곤 한다.

저희 반이었던 준우 이야기입니다. 오랜 시간 초등 담임을 맡아 오며 학급 친구들, 교외 영재학급 친구들, 스카우트 단원들, 학생 선수들 등 다양한 상황에서 많은 아들을 만나 왔지만 준우는 단연 돋보이는 아이였습니다. 수업 시간에는 높은 집중력을 발휘하여 적극적으로 참여하며 발표도 열심이었고, 수시로 수업 내용에 관한 깊이 있는 질문도 했습니다. 종종 다른 친구들에게 기회를 주기 위해 준우에게 양보를 부탁해야 할 정도였습니다.

준우의 진가는 역할극을 할 때 더욱 빛을 발했습니다. 대사를 할 때 보통의 남학생들은 쑥스러워 책 읽듯이 말해 버리고 서둘러 마치기 일쑤인데, 준우는 연기자라도 된 듯 맛깔나게 대본을 읽어 나갔습니다. 동화책이나 교과서를 소리 내어 읽을 때도 듣는 사람의 손발이 오그라들 정도로 천연덕스러워 저와 반 친구들 모두 웃음을 참느라 한참 동안 얼굴이 벌개졌습니다. '어떻게 저렇게 다른 친구들을 신경 쓰지 않고 부끄럼 없이 자신 있게 할 수 있을까?' 볼수록 궁금했습니다. 그런 아이를 만나기는 참 어렵거든요.

책을 읽거나 역할극 할 때 쑥스럽지 않냐고 묻자 준우는 친구들이 좋아하는 모습을 보면 기분이 좋아져서 더욱 열심히 하는 거라고 했습니다.

물론 준우에게도 아쉬운 면은 있었습니다. 전체적으로 교우관계도 좋고 인기도 많아 잘 지내는 것처럼 보이지만 친구들의 의견을 무시할 때가 많고, 주장이 강해 언쟁이 벌어지는 경우가 종종 있었습니다. 자기중심적인 면을 보일 때가 많아서 하고 싶은 일이 생겼을 때 주변을 돌아보거나 의견을 묻기보다는 무작정 행동으로 옮기는 성향이 강합니다. 그러다 보니 교실의 친구들에게 원망을 듣거나 일이 좀 더 커지면 말싸움, 몸싸움 등의 사소한 다툼이 일어나기도 합니다. 담임교사는 교실 속 아이들 사이의 크고 작은 다툼이 일어날 때마다 잘잘못을 가려 사과를 하게 하고 주의를 줘야 합니다. 아이는 이 과정에서 담임선생님의 잔소리를 들을 수밖에 없는데 그러다 보면 '우리 선생님은 나만 미워하는 것 같아. 매일 잔소리해서 너무 싫어'라는 식의 부정적인 감정이 생길 수도 있습니다.

준우 같은 리더형 아들이 교실에서 어떤 어려움을 겪는지 생각해 보겠습니다.

첫째, 겉으로만 준우를 따르는 친구들이 생깁니다. 자기 주장이 강하고 친구들을 배려하는 마음이 부족하기 때문에 다툼이 잦고 말로 상처를 주는 경우가 많아 준우에게 반감을 품는 친구들이 많습니다. 겉으로는 준우를 좋아하고 그 의견에 동의하는 것처럼 행동하지만 준우에게는 마음을 나눌 수 있는 친구가 줄어들고 있었습니다. 준우도 상황을 눈치채면서 소외감과 외로움을 느끼는 시점이 찾아오는데, 안타깝게도 그 원인을 친구들에게 돌리며 원망합니다.

둘째, 배려하지 못하는 상대는 친구뿐 아니라 담임선생님도 포함됩니다. 수업 중 하고 싶은 말이 생각나면 담임선생님이 설명하시는 중에도, 친구들이 발표하는 중에도 수시로 끼어들거나 장난스러운 반응으로 분위기를 흐트러지게 만듭니다. 재미있는 농담을 툭툭 던지거나 선생님께 반항하는 듯한 질문으로 친구들의 웃음을 유도하지만 '어떤 말을 해야 웃길 수 있을까'를 고민하느라 정작 수업에는 집중하지 못합니다. 담임교사인 저는 때로 준우의 예의 없는 행동이 불편할 때도 있었고, 무엇보다 수업의 흐름이 자꾸 끊어져 준우의 발표와 질문이 늘 반갑지만은 않았습니다.

셋째, 친구들과의 관계를 유지하려고, 주도권을 잃지 않으려고 보다 자극적이고 즐거운 놀잇거리들을 만드는 과정에서 때로 거짓말이나 과장된 행동이 등장합니다. 준우가 마음대로 하는 바람에 억울해진 친구가 선생님께 도움을 청하면 준우는 선생님께 불려가 혼나는 게 일상입니다. 이렇게 한 번, 두 번씩 안 좋은 이야기를 듣다 보면 자신을 보호하기 위해 거짓말이 점점 더 늘어 가기도 합니다.

\\\ ///
첫째, 겸손함과 예의를 강조해 주세요

준우를 향한 아이들의 불만이 높아지자 개별 상담이 필요했습니다. 친구들과 마찰이 일어날 때 친구를 이해하고 배려하는 방법을 찬찬히 알려 주었습니다. "굳이 아는 것을 드러내지 않아도 친구들은 이미 네가 탁월하다는 것을 잘 안다. 뛰어난 네가 부럽고 닮고 싶은데, 이럴 때 친구들을 높여 주면 네가 더 멋있어지는 거고, 친구들을 무시하고 네 마음대로만 하면 너를 낮게 평가할 거야."라는 말로 자세하게 설명했고, 아이는 금방 이해했습니다. 적극적이고 자존감 높은 아들은 충분히 이해할 수 있도록 설명하고 설득하면 생각보다 훨씬 쉽게 행동을 수정합니다.

더러는 자존심을 굽히지 않고 끝까지 고집을 부리는 아이도 있으므로 '똘똘하니까 알아서 잘하겠지'라고 생각해 아무런 지도도 하지 않은 채 그냥 넘어가 버리면 안 됩니다. 잘못된 행동을 하면 크게 꾸중을 들을 수 있다는 것을 알게 하고, 그 행동을 반복하지 않으려고 스스로 노력하도록 만들어야 합니다.

하나 더 조언하자면, 이 유형의 아들은 어린 시절부터 주변의 칭찬을 당연하듯 받고 성장해 왔기 때문에 이 점을 최대한 인정하고 부각시킨 대화가 이루어지면 좋습니다.

둘째, 멈춤 버튼을 누르게 해 주세요

마음에 '멈춤 버튼'이 있음을 알게 해 주어야 합니다. 이 버튼을 어떻게 사용하느냐에 따라 탁월하고 멋진 사람이 될 수도, 잘난 척만 하는 욕심쟁이가 될 수도 있다고 설명해 주세요. 마음속 이 버튼은 오직 자신만 누를 수 있다는 사실과 내 마음대로 끌고 가고 싶은 순간에 스스로 버튼을 눌러 멈출 수 있음도 알게 해 주세요. 내가 멈춤 버튼을 눌러 자제할 때 친구들이 더욱 기분 좋게 오랫동안 같이 놀 수 있다는 것, 그럴수록 나를 따르고 좋아하는 친구들이 더욱 많아질 거라는 것, 그리고 이 버튼을 하루에 한 번은 꼭 사용해 보자고 얘기해 주세요. 아이는 똘똘하게 금방 알아듣고 이 버튼을 누르기 시작할 겁니다.

셋째, 친구들의 입장에 처해 보는 경험을 만들어 주세요

대화와 설득으로도 행동을 수정하지 못한다면 끌려 다니는 친구의 입장에 처해 보게 하는 경험도 효과가 있습니다. 이런 성향의 아들은 원하는 것마다 쉽게 가질 수 있는 가정 분위기에서 자란 경우가 많은데요, 그렇기 때문에 원하는 것을 애써 참고 양보하는 입장이 어떤지 잘 모를 수 있습니다.

외식 메뉴, 나들이 장소, 주말 일정, 여행지 등을 정할 때 아이의 뜻에 다 맞춰 주는 것만이 최선이 아닙니다. 엄마를 위해 메뉴를 포기하고, 아빠를 위해 주말 나들이를 포기하고, 동생을 위해 여행지를 포기하는 경험을 하게 해야 합니다. 그리고 이 경험이 단순히 경험으로만 끝나지 않도록 원하는 것을 포기해야 할 때 느낌이 어땠는지 대화를 나눠 보세요. 이제껏 아들의 뜻에 따라 주었던 친구들의 마음이 어땠을지를 생각해 볼 기회가 될 것입니다.

Chapter
3

아들 공부법은
달라야 합니다

66 초등학교 평가는 절대평가이기 때문에 다른 아이들과 경쟁하고 비교할 필요가 없습니다. 상급학교 진학에 영향을 미치는 부분도 거의 없으니 부담 갖지 마십시오. 초등 시기에 중요한 것은 단 하나, 공부 습관을 키우는 것입니다. 자기 주도적으로 계획하고 추진해 나갈 수 있는 능력을 다져야 합니다. 기초공사가 탄탄한 건물은 흔들리지도, 무너지지도 않습니다. 초등학교 시절, 다져 놓은 습관은 아이 평생에 든든한 기반이 될 것입니다. 엉덩이가 가벼워 들썩거리는 초등 아들에게 어떤 도움이 필요할지 고민해 보았습니다. 공부는 도대체 왜 해야 하냐며, 안 하면 안 되냐며, 게임 열심히 해서 유튜버, 프로게이머가 될 거라 외치는 우리 아들에게는 어떤 공부법이 필요할까요?

맞는 공부 유형을 찾아라.
학년별 아들 공부법

반장 선거를 치른 날은 1학년 선생님들의 후기로 흥미진진합니다. 선거에 앞서 반장 하고 싶은 사람이 있는지 물어보는데요, 1학년은 학급 전체 30명 중 20명이 넘는 아이들이 손을 번쩍 들고 엉덩이를 들썩거립니다. 특히 남자아이들은 한두 명을 제외하고는 모두 반장이 되고 싶다며 간절하게 손을 들고 있어, 그 모습을 보면 웃음을 참느라 혼이 난다고 합니다. 이처럼 1학년 남자아이들은 자신감이 넘쳐납니다. 일단 해 보려고 하고 잘 할 수 있다며 의욕적으로 덤빕니다. 자신을 천재라 칭하고, 농담 섞인 칭찬도 있는 그대로 받아들이며 으쓱해 합니다.

그런데 어찌 된 일인지 자신감만은 하늘을 찌를 것 같던 남자 아이들이 학년이 올라갈수록 못하겠다며 슬금슬금 물러섭니다. 뛰어난 실력은 아니어도 해 보겠다고 덤벼들던 이 아이들은 누가 시킨 것처럼 점점 자신감을 잃어 갑니다. 무엇이 우리 아이들을 그렇게 만들까요? '나는 어차피 잘못하니까'라는 말을 입에 달고 살며 자신감을 잃어버린 우리 아이를 '잘하는 아이'로 키우고 싶다면 지금부터 드리는 말씀에 집중해 주세요.

사랑하는 아이가 멋진 어른으로 성장하도록 돕고 싶다면, 마음 가득한 욕심과 불안을 내려놓고 지금부터 드리는 학년별 아들 공부법을 마음에 새겨 주세요. 스스로는 할 마음이 없어 보여 부모를 애태우는 남자아이들을 어떤 방법, 어떤 교재, 어떤 속도로 시켜야 할지, 지금부터 속 시원하게 알려 드릴게요.

미취학, 저학년(1~2학년)

미취학, 저학년 아들은 엄마표가 진리입니다. 이 시기의 아들과 식탁에 앉아 공부하다 보면 목소리가 커지고 한숨이 끊이지 않을 겁니다. 예상했던 것보다 훨씬 더 힘들 겁니다. 그래도 해야 합니다. 힘들어도 하십시오. 엄마가 하나하나 봐주면서 해도 이 정도인데, 다른 누구에게 맡긴들 칭찬받으며 공부하기 어렵습니다. 지금 안 하면 평생 후회할 수도 있을 만큼 저학년 아들의 공부 습관 만들기는 중요합니다.

순수 엄마표가 힘들다면 학습지 도움을 받아도 좋습니다. 그런데도 엄마표를 강조하는 이유는 저학년일수록 학원 수업에서의 아들과 딸의 격차가 교실에서보다 더 확연하게 벌어지기 때문입니다. 1~2학년 초등 남자아이는 열심히 해도 대다수 여자아이들보다 늦고, 서툴고, 매끄럽지 못하고, 더 틀립니다. 야무지게 대답 잘하고 척척 풀어내는 여자아이들 틈에서 주눅 드는 속상한 경험을 학원에서까지 경험하게 할 이유가 없습니다. 그러니 성적을 위한 학원은 아직 아닙니다. 남자아이들이 '나는 원래 공부를 잘못해'라는 안타까운 패배감은 사실, 아들의 특성을 이해하지 못한 부모의 욕심에서 시작되는 경우가 많습니다.

이 시기 아이들은 앞으로의 공부, 성적을 위한 기초 공사를 하는 중입니다. 맞벌이인 가정 상황 때문에 방과 후에 안전하고 유익한 시간을 보낼 곳이 필요하다면, 경쟁으로부터 자유로울 수 있는 도서관, 운동 학원, 방과 후 학교 수업 정도면 충분합니다. 그래도 숙제와 학습이 걱정된다면 개별 코칭이 가능하고 또래끼리 비교와 경쟁이 덜한 소규모 공부방을 추천합니다. 아들이 해야 할 매일의 과제를 잘 마치기만 하면 칭찬을 받고 편히 쉬면서 남은 시간은 독서에 몰두할 수 있는 분위기의 공부방을 찾아내는 것은 부모의 책임입니다.

꼭꼭 눌러 정성껏 글씨를 쓰고, 한 문제를 풀어도 꼼꼼하게 읽으며 풀고, 책 한 쪽을 읽어도 깊게 이해하며 자기가 아는 내용을 남에게 설명하며 자기 것으로 만드는 공부 습관은 부모가 아니라면 그 누구도 만들어 줄 수 없는 것입니다. 아들과 문제집을 사이에 두고 대치하면서 엄마는 하루에도 몇 번씩 뒷목을 잡고 고함이 터져 나오겠지만 (집에서 자주 봤습니다.) 길어야 몇 년 가지 않습니다. 내 자식은 도저히 못 가르치겠다고 남에게 맡길 생각만 해서는 우리 아들을 공부 잘하는 놈으로 만들기 어렵습니다. 기본 틀은 부모가 잡은 후 맡기겠다는 마음으로 우리 가정이 처한 상황에 맞춰 최선을 다해 다듬고, 만지고, 닦고, 가꾸어 주십시오.

중학년(3~4학년)

중학년이 되면 본격적인 학습과 평가가 시작되기 때문에 학업 격차가 벌어지고 아들도 자신을 '잘하는 학생' 혹은 '잘못하는 학생'으로 구분 지어 생각합니다. 이 시기의 아들을 바라볼 때, 실제로 공부를 못하는 것보다 우려해야 할 사실은 바로 자신을 공부 못하는 학생으로 규정짓는 것입니다. 이미 스스로 못한다고 생각하는 아들은 제대로 날아 보지도 못한 채 초등 시절을 마무리할 가능성이 큽니다. 중학년 아들에게도 여전히 엄마표는 최선이지만 다른 선택지가 하나둘 등장하기에 엄마들 간의 정보 전쟁이 치열해집니다. 하지만 아들이 원하고 엄마가 여력이 되신다면 엄마표로 이어가시길 권합니다.

아이가 학원, 과외 등에 호기심을 보이고 엄마가 여건이 안 된다면 학원을 알아보기 시작해도 괜찮을 시기입니다. 다만, 억지로 끌고 가 앉혀 놓는 학원 수업은 아들에게 독이 된다는 것을 명심하세요. 벼락치기로 학원 숙제와 시험을 준비하는 좋지 않은 습관을 갖게 되는 최초 시기가 중학년입니다. 꾀가 생기기 때문이지요. 이제 아이는 학원 선생님과 엄마의 눈을 피할 궁리를 할 만큼 똑똑해졌습니다. 학원에 보내기로 했다면 한 반에 열 명 이상이 수업을 듣는 강의식 학원은 피해야 합니다. (최상위권, 완전 모범생 아들은 괜찮습니다.) 보통의 아이들에게는 네 명이 넘지 않는 그룹 수업 소규모 학원이 훨씬 효과적입니다. 아들이 배운 내용, 풀었던 문제를 제대로 이해했는지 확인하고 다음 진도를 이어 갈 수 있는 학원을 찾기 위해 부모가 발품을 팔아야 합니다. 아이가 원하고 경제적인 여건이 된다면 과외 수업을 통한 기본 다지기도 효과가 있습니다. 다만 1년 이상 과외 형식으로 공부하는 것은 추천하지 않습니다. 어느 정도 공부 습관이 잡히면 친구들과 함께 수업을 들을 수 있는 학원 수업이 효과적입니다. 다만 대형 학원을 보내 놓기만 하면 알아서 착착 실력이 올라갈 거라 기대하고 손 놓고 있다가 일 년이 지나도 파닉스를 떼지 못했다는 걸 뒤늦게 알고는 깜짝 놀라는 엄마들이 종종 있습니다. 또 선행학습을 하는데 현재 학년의 학습에서조차 구멍이 숭숭 뚫려 있는 걸 뒤늦게 알고 속에 천불이 나는 엄마들도 있음을 명심하세요.

이제 아들은 엄마 없이 혼자 공부하는 것과 학원에서 친구들과 함께 수업을 받는 것 가운데 선택하고 싶어 할 겁니다. 엄마표, 학습지, 과외 수업 등을 통해 기본 공부 습관을 제대로 만들어 놓은 아이라면 친구들과의 경쟁을 통해 성장할 수 있는 경험도 약이 됩니다. 집에서 공부할 때는 나만 힘들게 공부하는 것 같은 마음에 불평하던 아들도 학원에서 더 열심히 공부하는 친구들이 있다는 사실을 확인하고는 나왔던 입이 들어갑니다. 이때 아이가 존경하고 따라가고 싶은 멘토가 될 만한 멋진 선생님을 만날 수 있도록 도와주시면 좋습니다.

또 이 시기에는 아들이 혼자 공부, 그룹 수업, 학원 수업, 과외 수업 중 어떤 방법이 잘 맞고 효율적인지 알 수 있도록 다양한 경험을 하게 해 주는 것도 필요합니다. 예비 중, 고등학생이기 때문입니다. 중, 고등학생이 되어 다른 수준의 공부를 시도할 때 초등에서의 경험이 바탕이 되어 공부법 선택에 따르는 시행착오를 줄이는 것이 최상의 시나리오입니다. 물론 한 달이 멀다 하고 학원을 옮기거나 과외 선생님, 문제집을 바꾸는 것은 독이 되겠지만 말입니다.

공부하는 과정에서 얻은 결과물, 작게는 공책 한 권, 크게는 훌쩍 올라간 레벨 등을 아낌없이 칭찬하십시오. '말하지 않아도 엄마 마음을 알겠지' 하고 마음속으로만 생각하면 절대 안 됩니다. 아들은 모릅니다. 아무리 당연한 것도 말과 행동으로 표현해야 압니다. 알아서 성실하게 잘하는 아들을 보며 흐뭇한 눈길로 바라보는 상황은 아들 입장에서는 '우리 엄마는 내가 이렇게 잘하고 있어도 칭찬 한마디 없어'라고 받아들일 수 있습니다. "우리 아들이 이렇게 성실하게 열심히 잘하는 모습을 보니까 엄마 마음이 정말 기쁘네."라고 구체적으로 칭찬해 주세요. 민망함은 엄마의 몫이지만 그 순간의 어색함만 잘 이겨 내면 그 어느 때보다 멋지게 날아오르는 모습을 보여 줄 것입니다. 고학년 아들은 그렇습니다.

아들도 성적 잘 받고 싶다.
시험 잘 보는 방법

　　예전 초등학교에서는 학기별 중간고사와 기말고사를 통해 아이들을 평가 했습니다. 시험 일정을 확인하기 쉽고 시험을 대비하기도 수월하다는 장점이 있지만 이 평가는 학생들의 학습 태도와 과정 중심의 평가, 배운 내용을 확인하고 성장에 도움이 되도록 한다는 취지에서는 부족한 면이 많았습니다. 그래서 요즘 실시하는 평가는 점차 학생의 성장 과정을 평가하는 데 초점을 두고 바뀌고 있습니다. 초등 아들 가진 부모인 제게는 환영할 만한 소식입니다. 초등학교에서의 평가는 크게 교사별 평가와 수행평가로 나뉩니다. 교사별 평가는 말 그대로 각 반별로 한두 단원을 마친 후 담임교사의 재량하에 실시하는 평가를 말합니다. 교과서 내용을 학급별로 재구성하여 수업하기 때문에 학급마다 시험 문제, 시험 범위, 평가 방식 등이 다릅니다. 학급별로 수행평가 내용과 시기가 비슷한 경우가 대부분이지만 간혹 다른 경우도 있습니다. 이러한 평가 계획은 연간 또는 학기 단위로 사전에 안내합니다. 가정통신문으로 발송하지만 잃어버리거나 못 받은 경우에는 나이스^{NEIS} 학부모공개서비스에서 확인할 수 있습니다.

변화하는 평가제도 속에서 우리 아들은 어떤 준비를 해야 할까요? 아들들이 교과 평가에서 어려움을 겪는 이유와 도움을 줄 수 있는 방법을 구체적으로 생각해 보겠습니다.

첫째, 평가 계획표를 눈에 보이는 곳에 붙여 주세요

남자아이는 꼼꼼하게 계획하고 미리 준비하는 일이 어려울 수 있습니다. 교사별 평가와 수행평가가 수시로 이루어지다 보니 평가 당일에도 평가가 있는 날인 줄 모르는 아들들이 많습니다. 학기별 평가계획서를 한 달 단위로 잘 보이는 곳에 붙여 두고 스스로 확인하고 준비할 수 있도록 해 주세요. 능숙하지 않더라도 반복적으로 시도하고 여러 번 경험하게 해야 좋은 습관이 만들어집니다.

둘째, 천천히 문제를 읽고
문제가 말하는 뜻을 이해하기가 시작입니다

아들은 문제가 무엇을 요구하는지 파악하지 못한 채 풀이를 시작합니다. 문제 해결의 시작은 문제를 정확히 이해하고 해석하는 데 있습니다. 문제에서 주어진 조건에 밑줄, 동그라미 등의 표시를 하고 조건을 확인하며 풀어 보는 연습을 시켜 주세요. 문제의 조건에 표시하며 풀이하는 연습을 반복하면, 문제 이해력이 향상되고 실수하는 횟수를 줄일 수 있습니다.

셋째, 꾸준한 글쓰기 연습이 필요합니다

평가 문항에서 서술형, 논술형 비중이 절반 이상을 차지합니다. 논리적으로 이야기를 풀어서 설명하는 것은, 글로 풀어서 설명하는 말이 어렵고 귀찮기만 한 남자아이들에게는 더욱 부담스러운 일입니다. 부모와의 대화, 일기 쓰기, 서술형 수학 문제 풀이(※Chapter 3의 수학 공부법을 참고하세요.) 등을 통해 꾸준히 연습하면 많은 도움이 됩니다. 서술형 및 논술형 문항을 풀이할 때는 구어체의 긴 서술식보다는 개조식(글 앞에 번호를 붙이는 글쓰기로, 핵심이 되는 사항이나 핵심 단어를 나열하는 방식이다.)의 논리성을 가진 답변이 전달력도 좋고 확인하기도 효율적입니다. 글과 말은 단시간에 결과를 얻기 힘들기 때문에 꾸준한 노력과 연습을 해 나가야 합니다.

넷째, 점검하는 습관이 중요합니다

많은 남자아이는 평가지를 받아들면 단숨에 빠르게 풀어 버리고는 엎드려 자기 일쑤입니다. 점검을 하지 않습니다. 남학생 부모님과 학습 관련 상담을 할 때 가장 많이 듣는 걱정이 "아이가 학습에 관심이 없어요."가 아니라 "실수가 많고 덤벙대요."입니다. 정도 차이가 있을 뿐 누구나 실수를 합니다. 그 실수를 줄여 주는 방법은 확인하고 또 확인하기입니다. 우리 반 평가 시간이 되면 저는 주문처럼 읊어 댑니다.

"지금 이 시간은 너희 모두에게 똑같이 주어진 시간이야. 같은 시간을 누구는 알차게 보내고, 누구는 버려 버린다면 얼마나 아쉬울까? 문제 다 풀었다고 멍하니 있지 말고 빠뜨린 문항은 없는지, 잘못 풀이한 문제는 없는지 처음부터 다시 확인해 보자."

이렇게까지 당부해도 다시 확인하는 아이들은 거의 없습니다. 연습이 안 돼 있고 귀찮기 때문이죠. 습관은 가정에서 시작됩니다. 가정에서 문제집을 풀 때 여러 번 점검하는 연습을 하게 해 주세요. 귀찮은 일일수록 습관으로 만드는 것이 최고의 방법입니다.

부족한 어휘력을 높이는
세상에서 가장 간단한 방법

"또래에 비해 표현력이 부족하고 어눌한 편입니다."
"감정, 생각을 표현하는 어휘가 제한적이며, 새로운 표현을 궁금해하거나 배우고 싶어 하지 않는 것 같아요."

일반적으로 말과 글을 통해 아이의 성장을 가늠해 볼 수 있기 때문에 아들이 쓰는 어휘나 아이가 쓴 글을 보면 은근히 걱정이 앞섭니다. 하지만 아들이 표현하는 것이 아들이 생각하고 알고 있는 전부가 아닐 수 있으니 너무 조급해 하지 않으셔도 됩니다. 다만 어떤 아들의 경우 표현하는 것이 아는 것의 전부일 수 있기에 부모님의 세심한 관심이 필요합니다.

부족한 어휘력을 높이기 위해서는 어떤 방법이 있을까요?

첫째, 어른들의 어휘를 자주 접하게 해 주세요

아이들이 성장하면서 가장 많이 따라하고 모방하는 대상은 가족입니다. 가족과의 생활에서 모든 것을 배운다고 해도 과언이 아니죠. 부모님의 행동 및 언어적 표현 능력과 어휘력을 닮아 갑니다.

아이가 가족 사이에서 나누는 다양한 대화 속에서 정확하고 풍부한 표현을 사용하고 수시로 다양한 주제에 관해 이야기하는 기회를 가질수록 어휘력이 좋아집니다. 영어 실력을 높이기 위해 영어책, 영어 영상 등을 많이, 자주 보여 주는 것처럼 국어 어휘 실력을 높이기 위해 성인 수준의 어휘를 자주 접하게 하는 원리입니다. 아이가 대화를 듣다가 단어 뜻을 궁금해하면 간단하게 설명하거나 혹은 아이 스스로 단어 뜻을 추측해 보게 해 주세요.

어휘력을 키우는 최고의 방법은 단연 독서입니다. 책을 많이 읽은 친구들은 책 속의 다양한 표현과 어휘를 자신의 것으로 수월하게 흡수합니다. 하지만 안타깝게도 책 읽기를 즐겨 하는 아들은 많지 않습니다. 부모는 좋다는 책, 각종 전집, 베스트셀러 단행본을 수소문해 비싼 돈을 들여 책장을 채웁니다. 우리 아들이 재미있게 푹 빠져 읽는 모습을 상상하면서 말이죠. 하지만 현실은 책장 가득 빽빽하게 들어찬 책들이 아들의 손길을 제대로 받아 보지 못한 채 구입한 그대로 빳빳하게 꽂혀 있는 경우가 많습니다. 왜 그럴까요? 책장 속 그 책은 우리 아들이 읽고 싶은 책이 아니기 때문입니다. 어른의 기준에서, 우리 아들이 읽었으면 하는 희망 도서일 뿐 아들이 읽고 싶은 책이 아니기 때문입니다. 누구나 책, 영화를 고를 때 취향이 가장 중요합니다. 아이라고 다르지 않습니다.

셋째, 도서관과 서점에 자주 들르세요

책에 흥미가 없는 아들이라면 도서관보다 서점을 추천합니다. 새로운 것을 보고 새것을 구입하는 즐거움 때문에라도 책을 읽기 때문입니다. 서점이나 도서관에서 아이가 관심을 보이는 책이 있으면 제한하지 마시고 최대한 선택을 존중해 주세요. 스스로 고른 책이기 때문에 애착을 가지고 끝까지 읽으려고 할 것입니다. 또 그 공간에 있는 모든 사람들이 책 읽는 모습을 보면서 그 모습을 모방하고 배워 가는 것도 기대할 수 있습니다. 사실 이 방법은 부모님이 책을 즐겨 읽는 분들이 아니라면 부담스러울 수 있습니다. 하지만 부모님 또한 이번 기회를 통해서 아이와 함께 책과 친해져 보는 계기를 삼아 보길 권합니다.

\\ / /

넷째, 아이와 같은 책을 읽고 소감을 나눠 보세요

아들은 초등 고학년 이전까지(때로는 초등 고학년 아들도) 무언가를 부모님과 함께하기 원합니다. 같은 책을 읽고 부모와 아들 각자가 생각을 나누면 서로 공감할 수 있는 기회가 되고, 아들은 어른의 성숙한 생각과 관점을 경험하는 기회가 됩니다. 자주 시간을 내는 것이 부담스럽다면 1주일에 한 번 정도 주말을 이용해 10분 내외의 시간을 내어 이야기 나누는 것으로도 충분합니다. 저는 책뿐 아니라 아이가 영화 감상하는 것을 매우 좋아하는 편이라 영화를 보기 전 기대감과 사전 정보를 서로 이야기하고, 보고 나서는 5~10분 간 감상평 나누기를 즐깁니다.

다섯째, 인터넷 신문 기사 읽기를 시작해 보세요

인터넷 기사도 좋고 종이 신문의 기사와 칼럼 읽기도 좋습니다. 이전에는 관심 없었던 새로운 분야에 관심과 지식을 넓혀 갈 수도 있고, 새로운 어휘에 노출될 확률이 높기 때문입니다. 종이신문의 경우 신뢰도 높은 수준 있는 글을 접할 수 있어 도움이 됩니다. 하지만 인터넷 포털사이트의 경우에는 자극적인 내용이 많이 있어 반드시 부모님과 함께 봐야 합니다. 짧은 시간에 눈에 띄게 나아지기는 어렵지만 하루하루 꾸준히 시간을 들여 노력한다면 어떤 학습보다도 탄탄하고 재미있게 어휘력과 배경지식을 향상시킬 수 있습니다.

생각하기 귀찮아하는
아들의
수학 공부법

"수학은 재미있다", "실생활과 가장 밀접한 학문이다."

학창 시절, 수학 선생님께서 엄청나게 많이 들었던 말이지만 아마도 이 말에 공감이 가셨던 분은 거의 없었을 것입니다. 학창 시절 가장 싫은 과목이 수학이었고, 엄청난 스트레스 때문에 수학 시간만 되면 한숨만 내쉬었지요. 저 역시 수학이 가장 싫었습니다.

그런데 교사가 되어 여러 과목을 가르치다 보니 수학이 다른 과목에 비해 흥미로운 요소가 많다는 것을 알게 되었습니다. 문제를 두고 고민하는 시간이 많을수록 해결의 실마리들이 보이고, 문제를 풀이할 수 있는 방법이 한 가지가 아니고 다양하다는 점이 매력으로 다가왔습니다. 평가받는 입장이 아니고 가르치는 입장이라 그렇게 느끼는 건가 싶었는데, 영재학급 아이들의 수업을 진행하면서 깨달았습니다. 그 아이들은 문제를 풀면서 머리를 쥐어짜고 미간을 찌푸리기도 하지만 포기하거나 수학이 싫다고 말하지 않습니다. 해결 방법에 굉장한 호기심을 갖고 있습니다. 문제를 해결하고 나면 소리를 지르면서 기쁨을 표현합니다.

제가 만난 영재학급 아이들은 특별한 아이들이 결코 아니었습니다. 그저 학습에 좀 더 관심이 있고, 수업 중 활동에 적극적으로 참여하는 상위권 성적을 가진 학생들이라고 표현하면 적절할 것 같습니다. 우리 아들과 다른 특별한 친구들의 이야기가 아니라는 말씀을 드리는 겁니다.

아들들은 수학 문제를 앞에 놓고 생각하기 귀찮아 생각하는 힘을 기르지 못하고 쉽게 문제를 포기해 버리는 일이 많습니다. 스스로 생각하고 고민하는 습관을 기르고 그 재미를 느끼게 하고 싶다면 일정량의 노력과 시간이 필요합니다. 그래서 엉덩이 힘을 길러야 하는데요, 그 내용은 다음 장에서 이야기해 보겠습니다. 우리 아들, 수학 어떻게 지도해야 할까요?

첫째, 개념을 차곡차곡 쌓게 해주세요

수학은 용어와 기본 개념, 성질을 이해하지 못하면 문제를 해결하기 어려운 과목입니다. 그래서 반드시 단계별 누적 학습이 필요합니다. 그러기 위해서는 아이에게 충분한 시간을 주어야 합니다. 저학년 때는 수학을 친숙하게 느낄 수 있도록 꼼꼼히 복습하는 것으로 학습량이 본격적으로 많아지는 4학년 이후의 과정을 밟아나갈 힘을 길러 주세요. 그래서 쉬운 개념부터 이해하고 차곡차곡 쌓아 두는 것이 필요합니다. 교과서에 나온 용어, 개념, 성질을 이야기로 풀어 설명해 주고, 아이가 아이만의 언어로 다시 설명해 보도록 기회를 만들어 주세요. 개념을 쌓지 않고 문제풀이에만 매달리는 것은 오랜 시간 공부해도 효과를 보지 못하는 대표적인 예입니다.

둘째, 문제를 읽으면서
조건을 파악하는 연습을 시켜 주세요

수학은 문제 안에 주어진 조건을 분석하면 해결의 실마리가 보입니다. 조건이 많은 경우 복잡하고 어렵게 생각할 수 있지만, 오히려 그 조건들이 모두 문제를 푸는 열쇠가 됩니다. 매일 많은 문제를 풀기보다 한두 개 정도의 문제만을 놓고 이 문제에서 제시하는 조건은 무엇인지 표시하고 그 조건을 어떻게 활용하면 좋을지, 문제를 파악하는 연습을 하세요. 처음 보는 유형의 문제를 접해도 어떤 방법으로 문제를 분석하고, 문제에서 제시하는 조건을 활용해야 할지를 깨닫게 될 것입니다.

셋째, 풀이 과정을 공책에 쓰면서
푸는 습관이 좋습니다

수학은 공책에 푸는 것을 기본으로 합니다. '풀이 과정을 서술하시오'라는 형식의 대표적인 수학 문제를 대비하는 가장 효율적이고 기본적인 방법입니다. 수학 평가에서 풀이 과정을 서술하라는 문제는 조건을 활용하여 풀이한 과정 자체를 적으라는 의미입니다. 또 차례대로 적어 가며 풀이하는 방법은 점검하는 과정에서 오류를 발견하기 쉽게 하여 오답률을 낮춰 줍니다. 순서도, 질서도 없이 낙서하듯 풀고 나서 답만 적는 식의 공부는 요즘 수학 문제 출제 경향(논리적인 사고와 문제해결능력 향상)과 맞지 않습니다.

넷째, 점검하는 습관을 만들어 주세요

워낙 공부를 잘하는 학생들이 많다 보니 몇 개를 실수했느냐가 상위권과 최상위권 학생을 구분하는 기준입니다. 문제풀이 후 검산 과정을 통해 문제의 오류도 바로잡고 문제를 거꾸로 풀어 가다 보면 색다른 풀이 방법을 깨닫는 경우도 있어 수학적 문제 해결 능력을 키워 주는 데 큰 도움이 됩니다.

다섯째, 연산은 매일 연습하세요

교육과정 속 수학은 평가도 중요하기 때문에 알면서 실수하거나 풀이 속도가 너무 더디지 않도록 꾸준한 연산 연습도 필요합니다. 초등 저학년의 경우 연산을 배우는 진도일 때 하루 한 쪽 정도의 연산 연습을 꾸준히 해 주면 계산 능력을 키우는 데 도움이 됩니다. 하지만 더욱 중요한 것은 아이가 연산 연습을 반복하면서 수학에 흥미를 잃거나 지겨워하지 않도록 학습량을 조절하는 것입니다. 하루 10분 내외의 시간을 계획하되 고학년이 되어 정확도와 속도가 궤도에 오르면 그 양을 최소로 하거나 중단해도 좋습니다. 기계적으로 반복하는 훈련은 수학에 대한 부정적인 인식만 줄 수도 있거든요. 연산은 수학에서 중요한 부분이지만 연산 자체가 주가 되어서는 안된다는 점을 꼭 기억해 주세요.

수업 집중력,
아들의 엉덩이 힘을 키우는 법

　공부는 엉덩이로 하는 거라는 말 들어 보셨을 겁니다. 학습 효율, 타고난 공부 머리도 중요하지만 필수적인 것이 집중력과 끈기, 곧 엉덩이의 힘입니다. 툭하면 들썩거리는 아들의 집중력과 끈기를 어떻게 연습시킬 것인가에 대한 고민, 그 고민을 함께 시작해 보겠습니다.

　아들은 오랜 시간 진득하게 앉아 있지 못합니다. 쉴 새 없이 몸을 움직이고 즐거운 놀잇거리가 없는지 끊임없이 찾아다닙니다. 여럿이 뭉치면 그 에너지는 배가 되어 쉬는 시간의 교실, 복도에서 활약이 대단합니다. 운동장을 사방으로 가로지르며 씩씩하게 뛰는 모습, 보기 좋지만 그렇다고 공부를 안 할 수도 없는 노릇이니 아들들의 공부 습관 만들기와 자기주도학습을 위해 든든한 엉덩이 힘을 키우는 노력이 필요합니다.

공부의 결실은 단기간의 노력으로 만들어지지 않습니다. 특히나 아들의 공부는 더욱 그렇습니다. 학년이 올라가면서 많아지는 학습량에 힘들어하다가 지쳐 포기하는 아들이 늘어납니다. 그러므로 아이가 학습 주도권을 가지고 힘있게 달려가기 위해서는 체력과 더불어 좋은 습관 형성이 필요합니다.

긍정적인 학습 습관을 통해 만족스러운 결과를 경험해 본 아이들은 그것을 지키기 위해 스스로 계획하고 학습하는 능력을 체득합니다. 안 좋은 습관은 쉽게 생기지만 좋은 습관은 고된 노력 끝에 얻을 수 있습니다. 또 유지하는 데도 많은 노력이 필요하죠. 집중력은 워낙 개인차가 크기 때문에 아이마다 수준, 특성을 고려하여 집중 시간을 늘려 가세요. 학년이 올라가면서 더 안정되고 탄탄하게 자기주도학습 능력을 갖출 수 있을 것입니다.

첫째, 무엇보다 체력과 건강입니다

학습 습관을 만들고 싶다면 생활 습관을 바로잡아 성장기 아들의 체력 향상과 유지에 신경 써 주세요. 건강하고 충분한 영양 섭취, 숙면 환경, 일주일에 서너 차례 이상 활발히 움직이는 운동 시간을 확보해 줌으로써 체력을 다지는 일은 아주 중요합니다. 공부 시간이 늘어나는 중, 고등학교 시기에 체력이 부족한 탓에 어려움을 겪는 일이 없도록 어릴 때부터 관심을 두고 관리해야 합니다. 체력이 부족하면 엉덩이 힘도 따라올 수 없으니까요.

둘째, 책상과 친해지게 해 주세요

의자에 앉아 책상에서 무언가를 하는 것이 낯설게 느껴지는 아들 중에는 수업 중에 참지 못하고 벌떡 일어나 돌아다니는 자유로운 영혼들이 종종 있습니다. 초등 저학년 수업 시간은 학습량이 많지 않고 기본적인 습관 만들기, 체험 위주 활동으로 이루어져 있습니다. 쉽고 재미있게 배울 수 있는 활동들이지요. 그럼에도 앉아 있기가 힘들어 몸을 비틀어 대는 아들이라면 책상에 앉아 좋아하는 활동 한 가지에 집중해 보는 경험이 필요합니다. 책을 싫어하는 아이라면 책상에서 레고 조립 같은 블록 놀이를 해도 좋습니다. 혼자 오롯이 앉아 집중하는 시간을 보낼 수 있도록 해 주세요.

셋째, 한 시간 동안 연속해서 공부하게 하세요

3, 4학년이 되면 하루에 최소 한 시간 이상 책상에 앉아 공부하는 습관이 필요합니다. 본인의 의지, 학습 내용, 학습량에 따라 그 시간은 날마다 조금씩 달라질 수 있지만, 한 시간 이상 앉아 공부에 집중하는 경험은 이후 공부 습관에 큰 도움이 됩니다. 처음에는 5분도 채 되지 않아 화장실을 가거나 물을 찾고, 필통을 여닫던 아이들이 목표로 세운 한 시간 동안 약속한 과제를 끝내는 습관을 갖게 되면서 시간을 계획적으로 사용하고 집중력 있게 해내는 요령을 익혀갑니다.

넷째, 독서, 글쓰기, 수학은 매일 합니다

5학년이 되면 교과서 학습량이 많아지는 것과 비례하여 아들의 체력도 좋아져 더 긴 시간을 공부에 집중할 수 있습니다. 독서, 글쓰기, 수학은 매일 빠짐없이 꾸준히 할 수 있도록 확인하고 습관으로 만들어 주세요. 사회, 과학은 부족한 부분을 언제든 보충하고 만회할 수 있습니다. 5학년 때 못했다고 6학년 때 반드시 못하지는 않습니다. 하지만 언어와 수학은 다릅니다. 단기간에 변화를 보기 어려우면서도 노력한 시간과 결과가 비례하는 대표적인 과목입니다. 매일 영역별로 한 시간 내외 정도로 과하지 않은 학습량을 계획하고 꾸준히 실천하는 것이 좋습니다.

공부 흥미를
확 끌어올리는
스마트 기기 활용법

아이들은 참 빠릅니다. 시대가 변화하면서 새로 생겨나는 문화, 전자기기, 시스템에 금세 적응합니다. 아이들과 지내는 직업을 가진 어른으로 살면서 늘 다짐하는 것이 있습니다.

"고리타분한 선생님이 되지 말자. 내가 먼저 바뀌어야 한다."

"아이들이 앞으로 살아갈 세상에 호기심과 관심을 갖도록 이끌어 주는 선생님이 되자."

뭐 특별하고 대단한 노력을 기울이거나 전에 없던 혁신적인 교육과정을 운영하는 것은 아닙니다만, 적어도 제가 가진 구세대의 생각과 시각으로 요즘 아이들을 제한하지 않으려고 계속 노력하고 있습니다. 수업 방식, 과제 수행, 동아리 활동 운영 등 기존 학교 교육에서 당연하게 해 왔던 방법들에 더해서 나아지고 바뀌어야 할 부분이 많다는 것을 자주 느낍니다. 아들은 특히나 전자 기기, 스마트 기기, 영상물 등에 큰 관심을 보입니다. 영상과 게임에 중독된 초등 남학생의 수가 많을 수밖에 없는 이유입니다.

스마트 기기에 대한 아들의 관심과 호감을 학습에 활용해야 합니다. 지금은 무조건 제한하고 억제하는 것만이 능사가 아닌 시대입니다. 학급 전체 학생 가운데 최소 절반 이상의 학생들이 스마트폰을 휴대하고 가깝게 사용합니다. 아이들의 스마트폰 중독을 항상 걱정하며 관리해야 할 정도로 스마트 기기는 삶이 되어 가고 있습니다. 이러한 스마트 기기들을 경계하고 멀리할 것이 아니라 익숙함, 휴대성, 활용성을 최대한으로 활용하여 아이들의 학습에 활용해 보세요. 굉장히 훌륭하고 효율적인 학습 수단이자 도우미가 될 수 있습니다. 이미 우리 생활에 성큼 들어와 버린 각종 스마트 기기들을 아들 공부에 어떻게 활용하면 좋을지 생각해 보았습니다.

첫째, 공부를 흔쾌히 하게 만드는 수단으로 활용하세요

스마트 기기의 가장 큰 장점은 아이들이 친숙하게 여긴다는 것입니다. 숙제나 문제집을 풀이하라고 하면 표정부터 일그러지는 아이들도 스마트 기기를 활용한 학습 활동에는 불만이 없습니다. 오히려 먼저 이야기를 꺼내거나 더 오랜 시간 사용하려 합니다. 좋아하고 즐기는 것만큼 긍정적인 결과를 가져오는 것은 없습니다.

스마트 기기는 현실 세계에서 구현하기 힘든 것들을 영상이나 증강현실을 통해 시각화해서 보여 주기 때문에 아이들이 재미있어하고, 보다 구체적으로 내용을 이해하고 공감할 수 있게 합니다. 또한 시간이나 공간의 제약을 받지 않아 부담 없이 많은 자료를 검토하여 선택할 수 있다는 장점도 있습니다. 모든 공부를 매일 스마트 기기만으로 할 수 없지만 학습 동기를 부여하고 슬럼프를 만났을 때 탈출하는 수단으로 효과적입니다.

둘째, 사용 규칙을 만들고 지키도록 해야 합니다

스마트 기기의 많은 장점에도 불구하고 우려의 시선을 피하지 못하는 것은 인터넷 서핑, 게임, SNS 등 중독성, 폭력성, 음란성 있는 내용에 아이가 쉽게 노출될 수 있기 때문입니다. 그래서 반드시 부모님의 지속적인 확인과 관심이 필요합니다.

스스로 기기를 다루고 수업을 선택하여 듣고 학습량을 확인할 수 있다는 여러 가지 장점이 있지만, 자기 조절력이 부족한 초등생 아들에게는 유혹 거리로 가득 차 있다는 것을 기억하시고 확인과 관리가 필요합니다. (※Chapter 5의 스마트폰 사용법을 참고하세요.)

셋째, 손으로 써 가며 해야 하는 공부가 있습니다

스마트 기기의 가장 큰 장점은 문제를 풀 때 채점, 오답 확인 등의 과정을 다른 사람의 도움 없이 스스로 할 수 있다는 것인데요, 일일이 아들의 공부를 챙겨야 하는 부모님 입장에서 편하게 느껴질 수 있습니다. 하지만 이런 장점이 모든 과목에 해당하지는 않습니다. 그래서 학습 내용, 과목에 따라 스마트 기기를 사용할 것인지 책이나 문제집을 활용할 것인지에 관한 현명한 선택이 필요합니다. 과학실험 정리, 사회 개념 정리, 어휘력 테스트, 영어 영상, 영어 전자책 등에서는 활용도가 높지만 수학 문제 풀이, 글쓰기는 반드시 손, 공책, 연필이 필요합니다.

넷째, 코딩을 경험하게 해 주세요

최근 몇 년 들어 코딩 교육이 초등 교육의 주된 관심사가 되었습니다. 2019 교육과정부터 5, 6학년을 시작으로 학교교육과정에 정식 편성되었는데요, 변해 가는 흐름 속에서 코딩 속 사고와 능력의 중요성이 두드러지기 때문일 것입니다.

사실 코딩은 그동안 전문가들의 영역이었습니다. 지금도 어렵기는 마찬가지이지만 과거에 비해 대중화되고 쉽게 프로그래밍에 도전할 수 있는 시대가 되었습니다. 하드웨어보다 소프트웨어의 가치를 중요시하는 시대에 맞게 코딩에서 이루어지는 체계적이고 논리적인 사고를 아이들도 학습하고 활용하는 능력을 갖출 필요가 생긴 것입니다. 게임처럼 접근하면서도 사고력을 기를 수 있는 코딩

프로그램을 경험하는 것도 아들의 스마트한 공부 방법 가운데 한 가지가 될 수 있습니다. 혼자 학습하는 일이 힘들다면 구립, 국·공립 도서관에서 코딩 교육 프로그램을 분기별로 진행하고 있으니 그 수업을 활용해 보시기를 권합니다. 수업료도 대부분 무료인 데다 초급부터 고급까지 단계별로 구성돼 있습니다.

코딩 교육 참고 사이트

프로그램명	홈페이지 주소
스크래치	https://scratch.mit.edu/
엔트리	https://playentry.org/

Chapter
4

우리 아이 학교생활,
어떻게 해야 할까요?

학교생활을 물어봐도
좀체 말을 하지 않아요

아들은 학교에서 무슨 일이 있었는지 꼬치꼬치 묻는 엄마가 귀찮습니다. 학교에서 선생님과 친구와 있었던 일들을 굳이 집에 와서 말하고 싶지 않습니다. 별다른 일 없이 매일이 똑같은데 왜 자꾸 묻는지 잘 모르겠습니다. 물론 시시콜콜 이야기하기를 좋아하는 남자아이도 있지만 대부분 남자아이는 학교에서 있었던 일을 쉽게 이야기하려고 하지 않습니다.

이런 이유로 학부모 상담 주간에 만나는 많은 아들 어머니들은 아들의 학교생활을 너무나 궁금해 하십니다. 선생님께 지적을 많이 받지는 않는지, 발표는 몇 번이나 하는지, 친구들과 잘 어울리는지,

말썽을 피우지는 않는지 말이죠. 딸들은 집에 오면 묻지 않아도 따라다니며 미주알고주알 떠들어 댄다는데 묻는 말에도 답을 하지 않으니 도대체 왜 그러는지 답답해 죽겠다고 하십니다.

아들은 말보다 몸으로 하는 것을 좋아합니다. 그러니 가만히 앉아서 이미 지나간 (대수롭지도 않은) 일들을 엄마에게 일일이 이야기하는 시간이 즐겁지 않을밖에요. 그 시간에 조금이라도 빨리 친구들과 공놀이를 하고 싶고 책을 보거나 게임을 하고 싶은 생각만 머릿속에 가득합니다. 감정을 나누는 것에 크게 관심도 없고, 궁금해하는 엄마의 마음을 헤아릴 만한 공감 능력도 아직 많이 부족합니다. 그런 아들 입장에선 오늘 학교에서 있었던 일들을 꼬치꼬치 캐묻는 엄마가 부담스럽고 귀찮기만 합니다.

· Solution ·

첫째, 허용적인 대화 분위기를 만들어 주세요

아이의 학교생활이 궁금하다면 아이가 즐겁게 말할 수 있는 상황을 만들어 주세요. 아이에게 오늘 있었던 일을 먼저 묻기보다 엄마의 일상을 먼저 꺼내 놓는 것도 좋은 방법입니다. 부모의 이야기를 듣다 보면 관련된 다른 이야기나 궁금한 부분을 이야기하며 자연스레 자신의 이야기도 하는 경우가 많거든요. 또는 아이가 관심있어 하는 다른 친구의 이야기를 꺼내 보는 것도 좋습니다. 이러한 노력과 시간이 쌓이다 보면 아들도 학교에서 있었던 일들을 하나씩 툭툭 꺼내기 시작합니다. "오늘 짜증났어", "있잖아, 엄마 오늘 인생 급식이 나왔어!", "피구하다가 규현이가 얼굴에 공 맞아서 울었다." 등의 소소한 일상 이야기들 말이죠.

저희 첫째는 신중하고 굉장히 과묵한 편인데도 집에서는 이런 수다쟁이가 없습니다. 학교에서 어떤 사건이 있었는지 선생님, 친구들과는 어땠는지를 아빠, 엄마를 만나자마자 끝도 없이 즐겁게 이야기합니다. 이야기 주제는 친구들끼리의 다툼, 체육 시간, 친구들 간의 사랑 고백, 선생님의 유머 같은 것들인데요, 굉장히 자세하고 소소합니다.

　이 아이가 어쩌다 이렇게 됐을까를 떠올려 보니 아내의 공이 참 큽니다. 늘 아이들과 즐거운 주제를 가지고 떠들고 우스갯소리를 합니다. 재미없고 지루한 이야기에도 지치지 않고 반응하며 이야기를 끝까지 들어 줍니다. 그러다 보니 아이들도 신나서 이야기하게 되었고 대화의 즐거움을 깨달았겠지요.

둘째, 아들의 관심사를 알아내세요

　아들의 학교 이야기가 궁금하다면 먼저 아들과의 평상시 대화가 즐거워지도록 노력해 보세요. 내 이야기를 경청하지 않고 관심 없는 주제를 꺼내는 상대와 이야기하고 싶어 하는 사람은 없습니다. 크고 작은 다양한 일상 속 소재를 가지고 자주 대화를 나누다 보면 학교생활 이야기도 아들과 부모 사이의 흥미로운 이야깃거리가 될 것입니다.

　아이가 좋아하는 활동을 함께하며 공감대를 형성해 보시는 것도 좋습니다. 영화나 게임을 좋아한다면 그것을 함께하며 관련된 주제로 이야기를 자주 나누고 운동을 좋아하는 아들과는 몸을 부대끼며 운동을 즐기면 됩니다. 함께하는 시간과 좋은 기억이 쌓일수록 아들은 아빠 엄마를 이야기하고 싶은 상대로 인정하기 시작할 것입니다.

알림장,
가정통신문을 제대로
가져오지 않아요

　아이가 알림장을 제대로 적어 오지 않아 준비물을 못 챙겨 보내면 온종일 마음이 좋지 않습니다. 또 아이에게서 받은 가정통신문이 없는데 담임선생님에게서 가정통신문에 적힌 회신문을 제때 제출하지 않았다는 연락을 받고 나면 엄마는 새삼 아들 키우는 일이 얼마나 깊은 인내를 요구하는지 절감합니다. 운동장에 실내화 가방을 두고 오고, 놀이터에 겉옷을 벗어 놓고 오고, 줄넘기와 리코더는 새로 사 준 게 도대체 몇 번째인지 몰라 한숨만 나옵니다.

　사실, 차분하게 잘 챙기는 사람과 그렇지 못한 사람은 남녀노소의 차이보다는 타고난 성향의 차이가 큽니다. (저희 가정은 꼼꼼하게 챙기는 성인 남자 1명, 덜렁거리고 툭 하면 잃어버리는 성인 여자 1명, 강박에 가깝게 빠짐없이 챙기는 초등 남자 1명, 모든 것을 잃어버리고 다니는 초등 남자 1명이 모여 삽니다.) 상대적으로 확률적으로 따져 보았을 때 아들 중에 덜렁거리는 성향을 가진 아이들의 수가 조금 더 많기 때문에 아들의 이런 면이 확대되어 보이는 게 현실입니다. 교실에서 오랜 시간 지켜보며 깨달은 희망적인 사실은요, 기본적으로 꼼꼼하지 못한 성향의 아들이라도 학년이 올라갈수록 조금씩 더 자기 물건을 챙기기 시작한다는 점인데요, 그냥 두기만 한다고 저절로 되는 것은 물론 아닙니다. 고등학생 아들의 책가방에서 지난 학기 가정통신문을 발견했다는 어느 엄마의 이야기를 들은 적이 있습니다. 웃어넘겼지만 웃고 넘길 일만은 아닌 게, 교실 안에는 자기 물건을 챙기지 못해 수시로 곤란해지는 남학생들이 적지 않기 때문입니다. 가정에서부터 적극적이고 즐거운 마음으로 덜렁거림을 메워 줄 대책을 마련해야 하는데요, 핵심은 아들의 단순함을 이용하는 것입니다. 복잡하게 꼬인 것은 질색하지만 구조와 환경을 단순하게 만들어 줄수록 아들의 부족함은 눈에 띄게 좋아질 수 있습니다. 구체적인 방법을 알려 드릴게요.

첫째, 혼자 할 때까지는
책가방, 알림장, 필통 검사를 매일 해 주세요

알아서 하는 아이들은 일주일에 한두 번이면 충분합니다. 아니라면 될 때까지 몇 년이 걸려도 좋으니 아들에게 '우리 엄마는 매일같이 확인하신다'라는 인상을 확실히 새겨 주어야 합니다. 하루도 예외 없이, 매일 밥을 먹는 것처럼 매일 저녁 책가방, 알림장, 준비물, 필통을 엄마 혹은 아빠와 함께 점검하는 과정을 이어 가야 합니다. 핵심은 칭찬입니다.

"어쩜 이렇게 필통 정리가 잘되어 있어?"
"알림장 글씨가 정말 멋지다."
"잊지 않고 가정통신문 갖다 줘서 엄마가 정말 고마워."

어쩌다 하루 들여다보고 엉망인 모습에 화내고 소리 질러도 며칠 못 가 제자리입니다. 아이를 스스로 하도록 이끌어 줄 장치가 없거든요. 엄마한테 혼날 땐 꾹 참고 그 순간만 그럭저럭 넘기면 그만 이라는 걸 우리의 아들들은 1학년 때부터 빤히 알고 있습니다. 어쩌다 한 번 혼내는 것으로 오랜 시간 함께해 온 덜렁거림이 해결될 것 같으면 세상에 아들이 모두 차분하고 꼼꼼해져야 맞지만, 결코 그렇지 않습니다. 아무리 해도 달라지지 않는 모습을 이미 보셨을 겁니다. 그래서 '매일'과 '칭찬'의 힘을 빌려야 합니다. 가방과 필통을 열어 칭찬받으면서 학교생활에 관해 이야기 나누는 즐겁고 소소한 습관을 만들어 주세요. 바쁜 일상, 정신없는 직장, 밥 차려 먹이기도 빠듯한 시간에 날마다 책가방과 알림장을 확인하는 일이 얼마나 꾸준한 노력을 요구하는지 알고 있습니다. 아이가 둘, 셋이라면 더욱 그렇지요. 평생 하시라고 하지 않겠습니다. 넉넉히 1년만 잡고 시작해 보세요. 아들이 커 가면서 매일 부모님과 그렇게 해야 하는 게 귀찮아서라도 이제 그만 잘해야겠다고 챙길 때까지 인내를 발휘해야 합니다.

둘째, 구조와 환경을 단순하게 만들어 주세요

학교와 학원으로 나서는 아이가 꼭 챙겨야 할 준비물 목록을 크게 써서 신발장이나 현관문 등 잘 보이는 곳에 붙여놔 주세요. 매일 필요한 것을 매일 반복되는 잔소리로 외칠 필요가 없는 구조를 만들어 놓아야 합니다. 목록이 적힌 종이를 보면서 '잘 챙겼지? 잘 다녀와'라고 웃으면서 여유롭게 보내야 합니다. 덜렁대는 아들은 눈앞의 목록을 보면서 자기 가방 속을 머릿속에 떠올리며 확인하게 될 것입니다.

또, 아들이 출발할 때는 손에 드는 물건과 챙길 가방의 가짓수를 최소화해야 합니다. 실내화 가방 딱 한 가지만 손에 들고 다니게 해 주세요. 준비물은 가능하면 모두 책가방 안에 들어가게 준비해 주고, 부피가 커서 들어가지 않는다면 넉넉한 준비물 가방 안에 실내화 가방이 들어가게 해야 합니다. 내가 몇 개의 가방을 들고 나섰는지, 하교할 때 챙겨야 할 가방이 몇 개인지 기억하는 것이 아들에게는 피곤하고 어려운 일입니다. 큰 가방 안에 작은 가방이 들어 있고, 책가방 안에 준비물 파우치가 들어 있음을 함께 챙기면서 확인하게 하고, 집에 돌아올 때 그 사실을 기억하여 똑같은 모양으로 챙기도록 합니다. 핸드폰, 모자, 열쇠, 시계 등의 소지품은 손에 들고 다닐 일이 없도록 책가방 어느 주머니를 지정해 주거나 목에 걸고 손목에 걸고 책가방에 걸고 다니게 해야 합니다. 두껍지 않은 겉옷은 벗는 즉시 책가방에 넣어 놓는 습관도 좋습니다. 대부분 아들은 놀이터를 쉽게 지나치지 못하고 친구를 만나면 반가운 마음에 책가방을 벗어 던지고 뛰어놀기 바쁩니다. 잘 놀고 집에 왔는데 모자가 안 보이고, 핸드폰이 사라져 있습니다. 챙길 것의 가짓수를 최소로 만들어 아들도 '내 물건을 내가 잘 챙겼다'라는 성공 경험, 칭찬받는 경험을 쌓아 가게 해 주세요. 실컷 놀고 들어온 아이가 겉옷도 모자도 잘 챙겨 들어왔다면 그 순간을 놓치지 말고 격하게 칭찬해 주세요.

셋째, 아들의 일정을 여유롭게 계획해 주세요

덜렁거리는 성향의 남자아이는 성격이 급한 경우가 많습니다. 그래서 뭘 빠뜨린 줄도 모르고 학교로, 학원으로, 집으로 신나게 출발하지요. 씩씩한 아들의 모습에 기분 좋게 돌아섰다가 이내 급한 전화를 받고 학교로 출동하는 엄마들이 많습니다. 아들이 빠뜨리고 간 준비물과 숙제를 챙겨 나오느라 머리도 제대로 묶지 못하고 달려오신 어머님들을 복도에서 마주치는 건 초등 담임교사의 일상입니다. 등굣길에 빠뜨린 준비물이 있다면 다시 돌아가 가지고 올 수 있을 넉넉한 시간이 필요합니다. 혹시 학교로 향하다가 실내화 가방을 두고 간 사실을 퍼뜩 깨달아 다시 집에 돌아와야 한다면 그래도 될 만큼 충분한 시간을 두고 여유로운 시간에 출발하게 해 주세요. (등교 시간 20분 전 출발을 권장합니다.) 아이가 빠뜨리고 온 것은 되도록 본인이 책임지고 수습하는 것이 좋습니다.

하교 후의 일정도 그렇습니다. 알림장을 대충 적거나 아예 안 적고, 기껏 쓴 알림장을 교실 책상 위에 두고 오고, 가정통신문을 책가방에 넣지 않고 교실을 뛰쳐나가는 아이들을 보면 다음 일정이 지나치게 촉박한 경우가 종종 있더라고요. 2시에 수업을 마치면 2시 10분쯤 여유롭게 교실에서 나와 이동해도 무리가 없도록 학원 및 하교 후 일정을 계획해야 합니다. 초등 교실에는 아이들이 워낙 많고 다양해서 하교를 준비하는 그 짧은 시간에도 변수가 많습니다. 담임이 계획한 대로 정시에 하교하기 어려운 날이 더 많습니다. 사정을 모르는 엄마가 2시 5분에 학교 정문 앞으로 오는 학원 버스를 타도록 일정을 정해놓은 경우가 있는데, 착하고 단순한 남자아이들은 오직 그 시간에 늦지 않겠다는 마음만으로 이도 저도 다 두고 교실을 뛰쳐나갑니다. 최선을 다해 달려 버스 시간에 늦지 않았는데, 결과적으로는 학원 숙제와 알림장을 책상 위에 올려두고 왔으니 이제 혼날 일만 남은 아들은 허탈해집니다. 수업을 마치고 나면 책상 서랍도 한 번 확인하고, 책가방을 잘 챙겼는지 확인하고,

친구들과 여유롭게 인사하며 교실을 나설 수 있는 시간의 여유가 필요합니다. 셔틀 시간, 학원 수업 시간이 애매하다면 차라리 학교 수업 후에 학교 도서관에 들러 틈새 시간을 보내고 여유롭게 학원과 방과 후 수업으로 출발할 수 있는 일정이 훨씬 낫습니다.

담임선생님과
상담하고 싶은데
어색하고 어려워요

3학년을 담임하면서 만난 창훈이는 똑똑한 아이였습니다. 배경 지식이 풍부하고 늘 적극적인 자세로 수업에 임하는 데다 어려서 부터 합기도를 해 운동도 잘했습니다. 하지만 안타깝게도 친구들이 가까이하지 않는 외톨이였습니다.

학교에서 발생하는 크고 작은 사건 사고 속에 늘 창훈이가 있 었습니다. 잘 모르는 옆 반 친구가 복도를 신나게 뛰어가고 있으면 갑자기 발을 내밀어 넘어뜨리거나 서 있는 친구의 등을 뛰어와 세 게 밀어 넘어뜨리기, 친구 머리를 갑자기 때리거나 물건을 가져가 고 돌려주지 않으면서 신나게 웃는 등 순간의 재미를 위해 위험한 장난을 치는 경우가 많았습니다.

창훈이의 과잉 행동을 이대로 두면 큰 사고가 생길 수도 있겠다는 생각에 창현이 어머니를 만나 전문가의 상담을 받아 보자고 권유했고 이후 지속적으로 주 1회 전문가 상담을 하겠다고 연락해 오셨습니다. 전문가 상담을 통해 창훈이가 다른 아이들보다 공감 능력이 현저하게 부족한 아이라는 사실을 알게 되었다고 했습니다. 또 충격적인 이야기지만 이제껏 부모님이 창훈이를 대하는 태도에서도 이해와 공감이 빠져 있었다는 사실을 알게 되었다고 하셨습니다.

두세 달의 시간이 지나면서 창훈이는 상담과 약물치료를 통해 다른 사람의 감정을 이해하고 배려하는 부분이 눈에 띄게 좋아졌습니다. 친구들과 사소한 다툼은 한두 번씩 있긴 했지만 이전과 같은 도저히 이해할 수 없는 원인 모를 사건들은 사라져 갔습니다.

가장 좋았던 것은 창훈이가 달라지고 나니 함께 어울리는 친구들이 많아진 것입니다. 2학기 중반 이후에는 모둠별 활동, 학급 행사에서 모둠장, 리더 역할을 맡기도 했습니다.

학기 초 상담과 상담에서 이어진 병원 진료, 상담치료, 약물치료 등의 과정이 없었다면 창훈이는 내내 외롭고 아이들이 무서워하는 존재였을 것입니다. 창훈이처럼 도움이 필요한 아들에게는 담임 선생님과 부모님이 솔직하게 나누는 상담이 꼭 필요합니다.

첫째, 아들 엄마라면
1년에 한 번은 방문 상담을 하세요

학부모 상담 주간은 부모님과 담임교사 모두에게 부담스러울
수 있지만 아이를 위해 꼭 필요한 시간입니다. 상담 신청을 할 때가
되면 아이의 학교생활이 궁금하기도 하지만 다들 신청하는데 나만
안 가면 아이에게 관심이 없어 보일 것 같은 이유로 무리해서라도
신청하신다는 이야기를 많이 들었습니다. 잘하셨습니다. 부담스러
워도 좋으니 꼭 신청해서 상담하시면 좋겠습니다.

대부분 학교가 1년에 두 번 학부모 상담 주간을 운영하는데 그
중에서도 1학기 상담은 가능한 한 참여하는 것이 좋습니다. 선생님
께 아이의 학교생활, 학습 태도와 수준이 어느 정도인지 듣기보다는
우리 아이의 특성은 어떤지, 아이가 관심을 두는 것은 무엇인지 엄마
로서 담임선생님께 충분히 얘기할 필요가 있습니다. 신체적·정서적
건강, 생활 습관, 학습 습관, 가정환경, 친구 관계 등을 이야기 나누
다 보면 선생님은 기억하려고 애쓰고 관심을 가질 수밖에 없습니다.

둘째, 솔직한 대화를 시도하세요

   부모라면 누구나 내 아이의 단점과 부족함을 다른 사람에게서 듣거나 공개하기를 무척 꺼립니다. 하지만 학교생활에서 내 아이에게 가장 많은 영향력을 끼치고, 아이를 도울 수 있는 사람은 담임선생님입니다. 아이의 단점, 부족한 면을 굳이 나쁜 방향으로 곡해하고 이용할 선생님은 없습니다. 그렇기 때문에 아들의 부족하고 도움이 필요한 부분을 솔직하게 이야기해야 합니다. 사정상 방문 상담을 하기 어렵다면 궁금한 내용을 정리해 두었다가 전화로 상담하는 것도 좋습니다.

   또 아들의 특정 행동 때문에 담임선생님과 지속적인 상의가 필요한 부분이 있다면 수시로 전화 상담을 하시라고 권합니다. 알림장에 상담 요청을 적어 아이 편에 신청하고 약속한 시간에 전화로 상담하는 것은 선생님과 학부모 모두에게 편리하고 효율적인 방법입니다. 아이를 위한 학부모와의 상담은 선생님의 권한이자 책임입니다. 어려워하지 마시고 아이를 위해 적극적으로 상담에 참여하세요.

매년 한 친구하고만
어울리는 것 같아요

오늘 누구하고 놀았냐고 물어보면 "혼자 놀았어." 혹은 매일 똑같은 한 명의 친구에 관한 이야기만 하는 아들을 보며 불안했던 경험이 있으시다면 지금부터 들려 드릴 이야기에 큰 공감과 위로를 얻으실 겁니다. 어떤 사람에게 친구는 '꼭 필요한 존재'이지만 또 어떤 사람에게는 '있으면 좋은 존재'이기도 합니다. 성향에 따른 차이지요. 많은 아들은 후자에 가깝습니다. 아들에게 친구는 꼭 필요한 절대적인 존재이기보다는 있으면 즐겁고 좋은 존재라고 해석하면 마음이 좀 편하실 겁니다. 여자인 엄마는 학창 시절에 화장실에 갈 때부터 시작해 어른이 되어 쇼핑하러 갈 때도 늘 누군가와 함께

하려는 성향이 강했을 겁니다. 그런 엄마의 눈에 혼자 노는 아들, 두루두루 친해지지 못하는 아들은 불안하고 못나 보이기까지 합니다. 그런 아이를 도와주고 싶은 마음에 무리해서 반 모임에 나가보고 아들 친구들을 집에 초대해 먹이고 놀게 하지만 그때뿐인 것 같아 답답한 마음이 드실 겁니다. 이런 성향의 아들은 어떻게 도와야 할까요? 시기별로 엄마가 도울 방법을 크게 저학년과 고학년으로 나누어 생각해 보겠습니다.

저학년(1~3학년)

혼자 놀거나 무리에 속하지 않는 아들의 마음이 어떤지 파악하는 것이 출발입니다. 혼자 놀아도 정말 아무렇지 않다면 걱정은 거두어 주시고요, 무리에 들어가고 싶은데 잘되지 않아 속상해한다면 저학년 시기에는 엄마의 적극적인 도움이 힘이 될 수 있습니다. 저학년 아이들은 아직 개개인의 성향이 뚜렷하지 않기 때문에 친구들과 즐겁게 어울려 본 경험을 바탕으로 다음 행동을 결정하는 시기이기 때문입니다.

노력도 해 보지 않고 '나는 친구들이 싫어', '친구들은 나를 별로 좋아하지 않아', '나는 혼자 노는 게 좋아'라고 마음을 닫아 버리는 아들이 마음에 걸린다면, 저학년 때만이라도 다양한 시도를 해 보았으면 합니다. 실제로 교실에서 친구들과 두루 어울리지 못하고 겉돌던 아들이 주말에 따로 만나 놀이터에서 재미있게 놀았던 친구들과 교실에서도 붙어 지내는 모습을 볼 수 있습니다. 먼저 다가가기 쑥스러워 용기를 내지 못했던 성향의 아들에게는 인위적으로 만들어진 형태의 경험이 한 걸음 내딛는 징검다리가 되기도 합니다. 하지만 엄마의 적극적인 노력이 아들의 친구 관계를 위한 유일한 방법은 아니며, 모든 엄마에게 가능한 방법도 아니기 때문에 부담 가질 필요는 없습니다. 결국, 아들은 스스로 터득하고 알게 된 자기만의 방식으로 친구를 만들어 가는 방법을 찾을 텐데요, 그 과정을 저학년 때만이라도 엄마의 도움으로 조금 수월하게 만들어 주는 정도라고 생각하면 쉽습니다. 그래서 저학년일수록 반 모임이 활발하게 이루어지고 직장으로 시간이 여유롭지 않은 엄마들도 1학년 때만큼은 애써 반 모임에 참석합니다. 때로는 아이가 친구들과 어울리는 아들의 모습을 관찰하면서 성향을 파악하는 것도 좋은 방법입니다. 아들이 외로운 이유가 혹시나 아들이 가진 폭력성, 이기주의적인 성향, 거친 언어습관 때문은 아닌지를 확인할 기회이기도 합니다. 집에서와 밖에서의 모습이 다른 아들도 많은데요, 친구들과 어울리는 모습에서 평소 궁금했던 점을 알게 되기도 하니 여건이 허락한다면 조금 더 적극적으로 모임에 참여해 보기를 권합니다.

\\\ / /
고학년(4~6학년)

아들의 친구 관계를 여유 있는 시선으로 바라봐야 할 이유 가
운데 하나는 친구 관계의 상당 부분이 '운'에 영향을 받기 때문입니
다. 어떤 해에는 잘 맞는 무리의 친구들과 즐겁게 어울려 지내느라
걱정이 없었는데 다음 해에는 언제 그랬냐는 듯 1년을 내내 외롭게
지내기도 합니다. 반 친구들이 어떻게 구성되어도 상관없이 뚝딱
친구를 만들고 무리를 구성해 즐겁게 지내는 남자아이들은 일부입
니다. 안 맞는 친구들과 억지로 노는 것보다 혼자 혹은 한 명의 친
구와 붙어 지내는 편을 선택하는 남자아이들이 대부분입니다. 싫은
데도 무리에 속하기 위해 애를 쓰거나 그 친구들의 비위를 맞추려
고 과장된 행동을 하는 것보다 훨씬 낫습니다.

고학년의 친구 관계는 엄마의 노력이 영향을 미치기 어렵습니
다. 친구를 만들어 주고 싶은 마음에 이런저런 노력을 해도 헛수고
일 때가 많고요, 별달리 신경 쓰지 않았는데 알아서 잘 지내는 한
해를 보내기도 합니다. 말이 통하고 성격이 맞는 편안한 친구를 찾
아가는 시기이기 때문입니다. 이 시기의 아들을 마음으로 지지하고
응원해 주세요. 그 친구는 별로이고, 왜 저 친구랑은 요즘 친하게

지내지 않느냐며 아들의 친구 관계에 지나치게 깊이 간섭하지 말아야 합니다. 혼자도 지내 보고, 단짝과 지내다가 틀어져 보기도 하고, 마음 맞는 무리에 들어가기도 해 보고, 무리에게서 떨어져 나오기도 해 보아야 합니다. 이런 시간을 통해 친구를 보는 안목을 키워 가게 되고, 동시에 친구와의 관계에서 느껴지는 외로움, 서운함, 불편함, 편안함, 불안함, 행복함, 소외감, 즐거움, 친밀함 등의 다양한 색깔의 감정을 맛보며 성장합니다. 이 모든 경험과 감정은 아들 평생에 재산이 되며, 성인이 되어 만날 다양한 인간관계에서 지혜롭게 판단하고 마음의 평정심을 유지할 힘이 됩니다. 고학년인 아들이 엄마의 성에 차지 않는 모습으로 친구 관계를 맺고 있다 하더라도 의연하게 바라봐야 하는 이유입니다. 고학년, 중학생 아들의 친구 관계 중 신경 써야 할 부분은 왕따, 폭력인데요, 혹시 혼자 노는 아들이 학급 친구들로부터 왕따를 당하거나 집단 폭력(언어폭력도 폭력입니다.)을 당하는 건 아닌지 유심히 관찰해야 합니다. 최근 들어 고학년 아들들 사이에 왕따와 폭력의 수위가 심해지고 있어 교실에서도 그 부분을 관심 있게 지켜보고 있지만 부족함은 늘 있을 수밖에 없습니다. 가정에서 이에 관한 단서를 발견하여 담임선생님과 상담해 아이를 돕는 경우도 종종 일어납니다. 그래서 평소 아들과의 대화, 담임선생님과의 지속적인 상담이 필요합니다.

어울려 지내는 친구는
많은 것 같은데
단짝은 없는 것 같아요

　마음을 열 수 있는 친구를 만드는 건 우리 평생의 과제이자 즐거움일 텐데요, 여러 사람과 원만하게 어울려 잘 지내는 사람도 단짝이라고 할 만한 친구가 없기도 합니다. 아들은 더욱 그럴 수 있습니다. 아들에게는 단짝이 있다가도 없고, 없다가도 있습니다. 보통 단짝을 만들고 싶어 하는 이유는 그를 통한 만족감을 느끼고 소외감을 느끼고 싶지 않아서일 겁니다. 아무래도 이런 감정을 중요하게 생각하는 여자들이 단짝 만들기에 열심입니다. 단짝을 만들고 단짝과의 우정을 중요하게 여기며 성장해 온 엄마는 아들의 이런 모습이 외롭고 비정상적으로 느껴지기도 하겠지만요, 아들의 마음은 다릅니다. 아래 통계는 아들의 마음을 엿볼 수 있는 의미 있는 자료입니다.

초등 남자아이의 교우관계에 대한 생각 통계표 (%)

특성별 (2)	2019							
	내 친구들은 나에게 잘 대해준다				나는 친구들과 사이가 좋다			
	전혀 그렇지 않다	그렇지 않은 편이다	그런 편이다	매우 그렇다	전혀 그렇지 않다	그렇지 않은 편이다	그런 편이다	매우 그렇다
초등 남자	2.6	6.9	48.1	42.4	1.1	6.4	49.7	42.8

※출처 : 전라북도 완주군, 「완주군 아동청소년 사회환경조사」

통계자료를 살펴보면 초등 남자아이들은 대부분(90% 이상)이 스스로 친구들과 사이가 좋다고 생각합니다. 물론, 오늘 잘 놀던 친구와 내일은 앙숙이 되기도 하고 나를 좋아하던 친구가 갑자기 등을 돌려 차가운 반응을 보일 때면 속상해서 우는 경우도 종종 볼 수 있습니다. 함께 어울리는 친구 그룹에서도 특별히 친한 친구들이 따로 있고 그 속에 작은 소그룹이 생기기도 합니다. 이로 인해 서로가 상대적인 소외감을 느끼기도 하죠. 하지만 아들은 자신의 친구 관계는 전체적으로 문제가 없으며 잘 지내고 있다고 느낍니다. 엄마만 불안해하며 걱정할 뿐이죠.

첫째, 단짝은 없어도 괜찮습니다

교실 안에서 남자아이들의 친구 관계를 오랜 시간 관찰해 보면 특별한 몇몇을 제외하고는 친구가 전혀 없는 경우는 없습니다. 인기가 없는 편인 아들들도 나름의 친구를 만들고 교실 어딘가에서 누군가와 함께 놀고 있습니다. 아들에게 단짝은 꼭 필요할까요? 단짝은 교실 안에서 아들에게 어떤 의미가 있을까요? 친구가 많지 않은 경우라면, 단짝만이 든든한 친구겠지만 평소 어울려 지내는 친구가 많은데도 그중 한 명을 반드시 단짝으로 골라야 하는 걸까요? 단짝이 자주 바뀌는 것은 아들에게 문제가 있어서일까요? 이런 고민이 과연 아이에게 어떤 의미가 있을까요? 아이가 교실 안에서 친구들과 잘 어울리고 있다면 다른 사람과의 관계를 맺고 유지하는 기본적인 능력을 갖추고 있다는 것을 의미합니다. 아들에게 친구가 있다면 됐습니다. 늘 만나는 어울리는 단짝이 있어서 좋은 경우도 있지만 때로는 단짝이 가장 큰 독이 되는 경우도 많습니다. 단짝 친구와만 어울리다 보면 다른 친구들과 어울리는 시간과 기회가 적어 단짝이 결석하거나 전학 가고 나면 힘들어하는 경우도 봅니다. 단짝 때문에 다양한 친구를 접해 보고 경험하는 기회를 잃어버리게 되는 것이죠. 또한, 가장 친한 친구와의 관계에 지나치게 집중하다 보면 서로가 느끼는 피로감에서 서로 서운함과 상처를 주고받는 경우도 생깁니다. 물론 단짝 친구도 있으면서 여러 친구와 어울리는 시간까지 균형 있게 조절하면 좋겠지만 아직 아이들이기 때문에 적절하게 조절하기란 쉽지 않습니다.

둘째, 단짝은 한 명이 아닙니다

아들은 굳이 단짝이라는 개념 없이 여러 명의 친구와 어울리는 것을 좋아하는 경우가 많은데 어른들의 지나친 관심(누구랑 제일 친해?, 누가 너의 단짝이야?)과 세뇌로 단짝에 대한 부담을 느끼는 경우도 있습니다. 아이 스스로 단짝의 필요성을 느끼든 아니든 간에 자연스럽게 스스로 가치관을 형성하도록 두는 것이 아이를 위한 최선입니다.

엄마가 먼저 단짝의 개념을 바꿔 주세요. 지금 나와 만나고 잘 어울리는 친구가 단짝입니다. 친구 관계가 평생을 두고 이어져 가는 경우는 흔치 않습니다. 그 기간의 차이가 있을 뿐 결국 연락이 끊기고 멀어지는 경우를 앞으로도 수없이 경험할 것입니다. 학창 시절 단짝 중 지금까지도 단짝으로 지내는 친구는 겨우 한두 명 정도인 것이 어른들의 평범한 모습인 것을 잘 아실 겁니다.

상황에 따라 아들의 단짝은 달라질 수 있습니다. 단짝이라고 해도 모든 관심사와 성향이 같을 수 없기 때문에 게임을 할 때는 친구 A와 연락하고 놀며, 운동은 친구 B와 더 잘 맞고 수준도 비슷할 수 있습니다. 또, 집이 가까워 수시로 만나 장난치며 노는 친구 C가 있을 수 있겠죠. 이 세 명의 친구와 모두 다 잘 맞고 어울리면 즐거운데 굳이 단짝이냐, 아니냐와 같은 순위를 매기지 않았으면 합니다. 친구를 평가하고 줄 세우기보다 다양성을 인정하고 존중할 줄 아는 아이로 자랄 수 있도록 해 주어야 합니다.

셋째, 친구 관계에 집착하지 않도록 해 주세요

아이마다 성향이 다릅니다. 친구들과 만나 어울리는 것을 즐기는 친구들이 있는가 하면, 친구와 어울리는 것 자체를 부담스럽고 힘들어하는 친구들도 있습니다. 후자의 경우라면, 인간관계의 즐거움과 가치를 느끼게 해 주기 위해 함께 노력할 필요가 있지만, 이미 친구들과 잘 어울려 지내는 아들이라면 굳이 그 안에서 가장 친한 친구 찾기에 매달리기보다 친구 관계가 아닌 다른 분야로 관심을 넓혀 가는 것도 필요한 과정입니다. 다양한 취미 생활을 경험하며 그 과정에서 이루어지는 자연스러운 관계에 대한 다양한 흥미와 관심이 아들의 삶을 더 넓고 풍요롭게 할 수 있습니다. 아들에게 친구들과 어울리는 시간이 필요한 것은 맞지만 그 시간보다 더욱 중요하고 긴 시간을 보내는 가족과의 관계와 혼자 보내는 시간의 힘에 관심을 가져 주세요.

미술, 악기, 운동 등의 예체능 활동, 여행, 자동차, 드론, 사진처럼 친구가 아니어도 혼자 즐겁게 배우고 즐길 수 있는 취미 생활도 꼭 필요합니다. 관계로 인해 특별히 고민하는 아들이 아니라면 인위적인 노력과 집착보다 자연스러운 경험이 좋습니다.

어릴 때부터
폭력적인 성향이 있어
학교생활이 불안해요

학교폭력은 점점 더 민감하고 조심스러지고 있습니다. 이전 같으면 담임선생님의 지도와 쌍방의 사과, 반성문 등으로 마무리되었을 일들도 부모와 경찰이 개입하는 심각한 문제로 커지는 경우를 종종 보고 있습니다.

내 아들이 다른 아이들에 비해 조금 더 활동적이고 장난기가 많다면 부모님은 걱정스러울 수밖에 없습니다. 다른 아이들에게 피해를 주거나 실수를 하지는 않을지, 괜한 오해들로 안 좋은 일에 엮이는 것은 아닌지 걱정이 태산 같습니다. 막연히 걱정만 할 것이 아니라 문제가 발생할 수 있는 가능성을 줄일 수 있도록 지속적으로

도와주어야 합니다.

몇 해 전 다른 학급에서 있었던 일입니다. 문제의 발단이 된 아이 민구는 학년에서 유명한 개구쟁이였습니다. 하루에도 몇번씩 친구들과 사소한 다툼이 있어 선생님과 상담하는 일이 잦았습니다. 그래도 큰 사고 없이 생활했는데 어느 날 화장실에서 용변을 보던 친구를 놀리고 장난을 치다 화가 난 친구가 욕을 하자 결국 서로 주먹다짐을 하는 일이 발생했습니다. 민구는 얼굴에 멍이 들고 친구는 두피가 일부 찢어져 봉합해야 했습니다. 보통 이런 상황이 발생하면 가해의 책임이 큰 학생 측에서 피해 학생과 부모님께 연락을 취해 진심 어린 사과를 하고 치료에 필요한 조치를 적극적으로 취하면서 마무리되는 경우가 많습니다. 똑같이 아이 키우는 입장에서 부모 마음을 서로 잘 알기에 가능한 일이지요.

그런데 민구 부모님은 사고가 발생하고 하루가 훌쩍 지난 다음 날 저녁에서야 다친 친구 집에 전화를 한 데다가 사과가 아닌 변명 위주의 이야기를 했습니다. 결국 서로의 감정이 격해져 경찰에 신고하고 고소하려는 상황이 벌어졌습니다. 자신의 아들인 민구 입장에서만 생각하고 사건을 객관적으로 바라보는 마음이 부족했던 것이 원인이 아니었나 싶습니다. 결국 학교폭력위원회를 통해 사과,

치료 지원, 재발 방지 조치까지 마련하면서 가까스로 마무리되었지만 긴 시간 동안 아이들과 부모님들이 받은 상처와 어려움은 돌이키기 어려웠습니다.

교실에서 이런 일이 발생하면 무조건 자신의 아들을 호되게 질책하는 분과 일단 자신의 아들 편을 들고 보는 분으로 나뉘는데요, 두 경우 모두 도움이 되지 않습니다. 부모라면 누구나 내 아이의 부정적인 면을 받아들이는 일이 쉽지 않습니다. 부정하고 넘겨 버리고 싶은 마음이 먼저 들겠지요.

부모의 세심한 관찰과 신속한 결단, 행동이 꼭 필요합니다. 학교폭력에 대한 인식이 민감해지고 있기 때문에 더욱 그렇습니다. 그렇다면 툭하면 다투고 주먹부터 날리는 우리 아들, 어떻게 길러야 할까요?

첫째, 예상되는 상황을 가정에서 연습해 보세요

참지 못하고 주먹을 날리는 아들이 교실에서 친구들과 다툴까 걱정된다면 학교에서 벌어질 수 있는 상황을 가정에서 시뮬레이션 해 보는 방법을 추천합니다. 친구가 놀릴 때, 내 물건을 허락 없이 만질 때, 내 일에 참견하고 잔소리할 때 등 스트레스 받고 화낼 수 있는 상황을 가정하여 폭력이 아닌 방법으로 마음을 표현하는 연습을 하는 것이죠. 마음이 상하고 화나는 상황에서 그 감정을 어떻게 표현해야 할지 몰라 당황하다가 마음과 다르게 주먹이 앞서는 아들이라면 분명히 효과를 볼 수 있는 방법입니다.

"네가 그렇게 말해서 정말 화가 나", "나한테 그렇게 말하지 말아 줘", "선생님, 친구가 이렇게 행동해서 저 정말 기분이 나빠요." 등의 구체적인 대화법을 연습해 보는 것만으로도 현명하고 적절한 행동을 취할 수 있습니다.

둘째, 스트레스 해소 창구가 필요합니다

마음을 차분하게 가라앉힐 수 있는 정적인 활동(그림, 바둑, 서예 등)과 에너지를 충분히 쏟을 수 있는 동적인 활동(드럼, 운동, 트램폴린, 등산, 캠핑 등)을 병행해 주세요. 아들이 에너지를 긍정적이고 발전적인 방향으로 발산할 수 있도록 기회를 주세요. 원인은 다양하겠지만 아이가 가진 스트레스, 분노, 충동, 과잉 행동 등의 행동 성향은 초기에 알아 주고 에너지를 발산하게 해 주는 것만으로도 효과를 볼 수 있습니다. 아들에게 화를 참지 못하게 하는 스트레스가 어떤 게 있을까, 생각하며 마음을 들여다봐 주세요. 그 어떤 전문가의 치료보다 효과적입니다.

셋째, 전문가와 상담이 필요한 경우도 있습니다

반복적인 연습과 훈육에도 행동이 달라지지 않는다면 전문가와의 상담이 반드시 필요합니다. 내 감정을 말과 글로 표현하면서 마음속 스트레스와 분노를 해소할 기회가 필요하기 때문이지요. 전문가와 상담하기 전에 담임선생님과 상담하시면 훨씬 더 좋은 효과를 볼 수 있습니다. 아이들은 집에서의 모습과 교실에서의 모습이 다른 경우가 많기 때문입니다.

만약에 교실 안에서 폭력적인 행동이 6개월 이상 계속되고 있고 담임선생님께서도 전문가 상담을 권유하신다면 지체하지 않으셨으면 합니다. 초등 아이들 치료는 웬만해서는 약물로 시작하지 않습니다. 미술, 음악, 놀이, 상담 등 다양한 치료 가운데 아이가 흥미를 보이는 과목을 매개체로 접근합니다. 일찍 시작할수록 효과를 보기 쉽습니다. 악기를 연주하거나 그림을 그리면서 마음 깊은 곳의 감정, 분노, 스트레스를 끌어올리고 대화하는 과정을 통해 분노와 충동을 다스리는 힘을 기를 수 있습니다.

학교 폭력이 일어났어요.
현명한 대처법을 알려 주세요

[피해 학생 | 가해 학생]

2018년 1차 교육부 학교 폭력 실태 조사 결과(%)

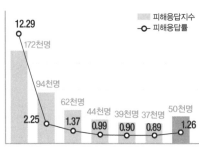

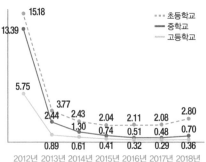

※출처 : 교육부

2017년, 2018년 학교 폭력 실태 조사 결과에 따르면 학교 폭력 전체 피해 학생의 70% 가량이 초등학생이었습니다. 또 학교 폭력 피해 응답률이 소폭 상승하고 있는데 그중에서도 초등학생의 응답 상승률이 중, 고등학생에 비해 눈에 띄게 높습니다. 어리다고만 생각했던 초등 교실에서 학교 폭력이 빈번하게 일어나고 있으며 그에 따른 대책이 얼마나 절실한지를 보여 주는 지표입니다.

피해자와 가해자 비율을 성별로 통계를 낸 자료는 없으나 학교에서 오랜 근무 경험으로 비춰 볼 때 학교 폭력에 관련되는 경우가 남학생들에게서 훨씬 빈번하게 발생하는 것은 부인할 수 없는 사실입니다. 남, 여 공통적으로 발생하는 학교 폭력에는 언어 폭력, 집단 따돌림, 사이버 폭력 등이 큰 비율을 차지하는데, 남학생은 그중 신체 폭력이 상당히 높은 빈도를 보입니다.

갈수록 학교 폭력 문제가 잦아지는 상황에서 내 아이가 그런 일에 휘말리면 어쩌나 걱정하는 부모들이 많습니다. 특히나 아들 키우는 부모님은 마음 한구석에 신체 폭력에 대한 막연한 불안감이 늘 있는 상태일 것입니다. 아들 키우는 부모라면 미리 알아 둬서 나쁠 것 없는 학교 폭력에 대처하는 방법을 알아보겠습니다.

학교 폭력 사안에서 가장 중요하고 고려해야 할 점은 아이들이 대상이라는 것입니다. 아이들이 충분히 보호받고 공정한 절차에 의해 바른 결과를 도출할 수 있어야 합니다. 감정적인 반응보다 사안을 구체적이고 정확하게 파악해야, 불필요하게 왜곡되거나 확대되는 것을 방지할 수 있습니다.

먼저, 학교 폭력 사건에서 내 아이의 입장과 위치를 객관적으로 파악해야 합니다. 피해자, 가해자로 단순하게 구분할 수 없는 경우가 많지만 발생 원인과 대응 방법 및 강도 등을 고려하여 책임의 정도를 나눌 수는 있습니다. 내 아들이 피해를 당한 경우라면 아이의 안전과 피해 상황에 대한 특별 조치와 보상 등을 청구할 수 있고, 반대로 가해의 책임이 큰 경우라면 상대 아이의 피해 상황이 어떤지 경청하고 신속하게 진심 어린 사과와 피해 보상을 해야 합니다.

첫째, 내 아이가 피해를 입었을 때

아이가 학교에서 학교 폭력 피해를 당했다고 생각되는 여러 정황이 있을 것입니다. 학교에 가지 않겠다고 한다든지, 갑자기 신경질적인 반응을 보이거나 문을 잠그고 방에서 나오지 않는다든지, 심지어 얼굴이나 다른 신체에 멍이나 상처가 생겨 집으로 돌아올 수도 있습니다. 이 경우에는 일어난 일을 자세히 기록해 두는 것이 중요합니다. 아이와 대화하여 앞뒤 정황을 잘 살펴보고 아이가 지속적으로 폭력 피해를 입었다고 생각이 들면 담임선생님께 연락을 취합니다.

이때 아이의 상황을 너무 감정적으로 판단하지 않는 것이 중요합니다. 어렵겠지만 객관적인 태도를 유지하는 것이 문제 해결에 현명한 태도입니다. 학급에서 학교폭력이 발생했을 때 당사자와 양측 가족 간에 원만한 협의가 이루어지면 '학교장 종결 처리'가 됩니다. 예를 들어 학교 폭력으로 아이의 이마가 찢어진 사건이 발생한 경우 상대 아이가 깊이 반성하고 사과와 더불어 재발 방지와 치료비 보상을 약속하면 대체로 협의가 잘 이루어진 경우입니다. 하지만 이렇게 협의가 이루어진 후에도 우리 아이의 피해 상황에 대한 적절한 사과나 보상이 이행되지 않거나 이런 일이 또다시 발생한다면 '학교장 종결 처리'가 되었다 하더라도 학교 폭력 신고를 접수할 수 있습니다.

사랑하는 아이가 이런 일을 겪는다는 것은 부모에게는 상상할 수도 없는 큰 고통일 겁니다. 하지만 아이보다 더 흥분하거나 아이 앞에서 감정을 너무 격하게 표현하는 일은 자제하는 것이 좋습니다. 부모가 지나치게 힘들어하면 아이는 자신이 피해를 입은 상황임에도 오히려 죄책감을 느낄 수 있습니다. 그러니 아이 앞에서 분노를 표현하기보다 아이의 상황에 공감해 주고 따뜻하게 감싸 안아 주세요.

둘째, 내 아이가 피해를 입혔을 때

이 경우는 더욱 예상하기 힘든 상황일 것입니다. 보통 부모들은 우리 아이가 장난기가 많고 좀 까불기를 좋아해서 그렇지 나쁜 행동을 하거나 친구를 괴롭힐 리 없다고 생각합니다. 그러다 보니 사안을 가볍게 생각하거나 부정하는 경우가 많습니다. 아이들은 아직 자신의 충동을 절제하는 능력이 부족합니다. 장난이나 호기심으로 시작한 일이 걷잡을 수 없이 커지는 경우가 많습니다. 그러므로 아이가 가해한 정황이 있는 경우라면 부모로서 더욱 객관적인 판단과 겸허한 마음이 필요합니다.

담임선생님께 상황을 전달받은 경우 먼저 아이와 이야기를 나누고 사과해야 할 부분이 있다면 아이와 함께 사과하는 것이 우선입니다. 이때는 반드시 담임선생님을 통해 상대방 부모의 전화번호를 알아보십시오. 통화할 때는 상대 학부모의 이야기를 잘 경청하세요. 피해 학생의 부모님은 피해를 입었다는 생각에 좀 더 흥분하고 강하게 속상함을 표현할 수 있습니다. 이때 무리하게 억울함을 호소하거나 빠르게 사과하려는 태도는 오히려 상대방의 마음을 상하게 해, 상황을 악화시킬 수 있습니다. 상대방의 이야기를 잘 듣고 아이를 키우는 같은 부모 입장으로 진심 어린 사과를 한다면 피해자 측의 감정이 조금은 누그러질 수 있습니다.

셋째, 일상으로 돌아갈 수 있게 해 주세요

이러한 큰일을 겪고 난 후 아이가 피해 상황에서 벗어나 다시 행복한 학교생활을 할 수 있도록 '회복 탄력성'을 높여 주는 것이 중요합니다. 무엇보다 가정에서 편안한 분위기를 만들어 주고 이 상황이 어렵고 힘들었지만 잘 이겨 내고 다시 즐거운 학교생활을 할 수 있으리라는 부모의 격려가 필요합니다. "왜 이런 사고를 쳐서", "도대체 어떻게 했기에" 등과 같은 맹목적인 비난보다는 본인의 말과 행동에 책임을 지면서 의젓하게 성장할 수 있도록 다독여 주시면 좋습니다.

학교 폭력은 누구에게나, 언제, 어디서든 발생할 수 있습니다. '내 아이에게 설마'라는 생각보다 '어쩌면 내 아이도'라는 생각으로 이에 대한 대처법을 알고 현명하게 대응한다면 아이의 건강한 성장과 생활을 지킬 수 있습니다.

담임선생님과
좋은 관계를 맺고 싶어요

새 학년이 시작되면 새로운 아이들을 만날 기대감으로 마음이 들뜹니다. 학기 초 학부모 총회 등을 통해 학부모님들을 만나는 시간은 기대와 부담감을 함께 줍니다. 한 해 동안 아이들과 많은 시간을 함께 보내며 생활을 하게 될텐데 우리 반 아이 부모님의 가치관과 성향은 어떠한지도 사실 많이 궁금합니다.

요즘 아이들은 우리 세대에 비해 조숙하지만 초등학생은 담임선생님의 영향을 많이 받을 수밖에 없습니다. 그래서 아이의 정서적 성장을 책임지는 담임선생님과 좋은 관계를 유지하는 것은 아이가 학교생활을 안정감 있게 하는 데 도움이 됩니다.

저학년 아이들은 선생님 말씀이 부모님 말씀보다 우선일 때도 많고, 중·고학년 아이들은 진심으로 자신을 이해해 주고 격려해 주는 선생님을 만나면 사고思考의 큰 전환점을 맞이하기도 합니다.

내 아이들이 늘 훌륭하고 존경할 만한 선생님을 만나 사랑받는다면 모두에게 더할 나위 없이 좋은 일입니다. 하지만 현실에서는 늘 그럴 수가 없습니다. 아이와 성향이 다르거나 아이의 특성을 이해하기 힘들어하는 선생님과 만나는 경우도 있습니다. 여느 직업군에 종사하는 분들보다 더 무거운 책임감이 요구되기에 더 많이 노력하지만 때때로 불완전한 면들이 느껴질 때도 있습니다. 완벽한 선생님을 기대하며 불만스러워하거나 실망하기보다 우리 아이에게 잘 맞는 좋은 선생님으로 함께 맞춰 가 보는 것은 어떨까요?

첫째, 담임선생님을 신뢰하고
존중하고 있다는 신호를 보내 주세요

담임선생님과 학부모님의 교육관과 가치관은 얼마든지 다를 수 있습니다. 학교에서 이루어지는 활동과 행사들을 하나하나 따지면 마음에 차지 않는 부분이 많을 수 있습니다. 하지만 아이에게 큰 해가 되거나 당장 해결해야 하는 문제가 아니라면 담임선생님에게 문제를 지적하기보다 좋았던 활동이나 담임선생님의 노력에 감사 표현을 해 주세요.

예를 들어, "선생님이 아침 시간에 역사책을 읽어 주시고, 역사 이야기를 들려 주신 이후부터 저희 아이가 책에 관심을 가지고 푹 빠져서 잘 읽고 있어요. 선생님 덕분입니다. 고맙습니다", "아침 시간 스포츠클럽 활동 덕분에 운동을 그렇게 싫어하던 아이가 운동을 좋아하고 활기차졌어요."라는 긍정적인 내용의 피드백을 아이의 일기장, 알림장 혹은 문자 메시지 등에 적어서 보내 주시면 담임교사는 힘이 납니다. 우리 아이들에게 더 좋고 유익한 활동들을 찾고 시도하기 위해 애쓸 것입니다. 아이 또한 부모님의 그런 편지들을 읽고 전달하는 과정에서 긍정적인 사고를 배우고 더 열심히 참여하려는 의욕도 생길 수 있습니다.

둘째, 아이의 학교생활에 구체적으로 관심을 가져 주세요

여러 해 동안 담임교사를 하면서 무척 안타까운 일 가운데 하나는 아이들이 부모님의 관리를 잘 받지 못할 때입니다. 관리라는 것은 가정통신문 확인, 알림장 확인, 준비물 가져오기 등 가장 기본적인 내용입니다. 이런 것들이 잘 준비되지 않으면 아이는 학교에서 주눅 들어 의욕적으로 생활할 수 없는 경우가 많습니다. 준비가 잘되어 있는 아이가 적극적이고 능동적으로 활동에 참여할 수 있습니다. 선생님은 아이의 문제점이나 부족한 점 때문에 학부모님과 통화해야 할 때가 가장 불편하고 어렵습니다. 아이가 칭찬과 격려를 받을 수 있도록 기본적인 내용에 관심을 가져 주세요.

셋째, 담임선생님과의
소통 창구를 마련하세요

학부모 상담 기간 동안 방문하거나 전화 상담을 통해 내 아이의 특성을 자세히 알려 주세요. 학부모 상담 기간이 아니더라도 알림장을 통한 연락이나 근무시간 중 문자메시지를 통해 아이와 관련해 궁금한 내용을 문의하거나 조언을 구하는 방법도 좋습니다. 제 아내는 알림장이나 일기장을 통해 연락하는 방법을 많이 활용합니다. 고마운 일 표현하기, 부탁의 말씀, 궁금한 내용 등을 간단하게 어제 알림장 아래에 적어서 보내면 아이 편에 답변을 보내 주시거나 답글로 적어 연락을 주시기도 했습니다.

학부모 입장에서는 그렇게 연락하는 것이 선생님을 번거롭게 할까 봐 또는 담임선생님이 귀찮아할까 봐 괜히 망설여지고 포기할 때도 많다는 것 잘 압니다. 제 경우에는 아이의 생활이나 학습적인 면에서 문의를 해 오시는 경우, 불편하다기보다 다시 한 번 아이를 살펴보고 더 관심을 기울일 수 있는 기회가 되어서 좋았습니다. 걱정되거나 궁금한 부분이 있다면 망설이지 말고 연락하세요.

지나치게 승부에
집착하는 아들 때문에
곤란할 때가 많아요

현대인은 치열하고 바쁜 경쟁 사회에서 살고 있습니다. 부모인 우리는 당연한 듯 그렇게 살아왔고 아이들의 모습도 크게 다르지 않은 것 같습니다. 결과에 대한 부담을 무겁게 느끼면서 숨 가쁘게 살아가는 우리들처럼 아이들 또한 같은 모습으로 살아갈 것을 생각하면 안타까운 마음이 가득합니다.

체육 시간마다 승부욕이 강하고 우기기를 잘하는 아이들이 꼭 있습니다. 넘치는 승부욕이 귀엽기도 하지만 여러 아이들과 함께하는 활동이기 때문에 경기 진행에 방해가 되거나 갈등을 빚는 경우가 생기기도 하죠. 친구와 어울리며 과정을 즐기기보다 결과와 승

패에 가치를 더 두기 때문에 발생하는 일이라 생각합니다. 부모님이나 다른 친구들에게 이야기할 때도 얼마나 즐거웠는지보다 이기고 지는 것이 이야기의 핵심일 때가 많습니다.

부모님의 반응도 별반 다르지 않습니다. "그래서, 이겼어?"가 첫 질문인 경우가 많습니다. 아이가 "아니, 졌어." 하고 대답할라치면 실망한 기색을 감추지 못합니다. 이러한 환경에서 성장하다 보니 자연스레 승부에 집착하는 아이들이 생겨날밖에요.

3학년을 담임하면서 만났던 영준이는 참 순하고 착하고 바른 아이였습니다. 자기 일을 잘 챙기고 수업에도 열심히 참여하는 순박한 모범생 스타일이랄까요? 엉뚱한 이야기도 잘하고 호기심이 많아 질문도 많은 아이였습니다. 그 해를 잘 마치고 3년 후 다시 아이를 6학년 담임으로 만났습니다. 여전히 학습 태도도 좋고 착한 아이였습니다. 모든 일에 솔선수범하는 적극적인 아이였고, 교우관계도 넓지는 않지만 두세 명의 친한 친구들과 잘 어울리며 생활했습니다.

그런데 전과 다른 한 가지 모습이 눈에 띄었습니다. 마치 회사 면접장에서나 볼 법한 경쟁적인 태도였습니다. 개인 활동을 할 때는 눈에 띄지 않았는데, 모둠 단위로 활동할 때면 종종 아이들을 닦

달해서 갈등이 발생했습니다. 모둠 활동 주제나 방향을 선정할 때 본인 성에 차지 않으면 끝까지 고집을 꺾지 않거나 투덜거립니다. 자신의 의견이 분명 더 좋으니 다른 방법이나 주제로 하면 안 된다는 겁니다. 다른 모둠보다 못할까 봐 답답해하고 불안해합니다. 다른 모둠의 결과물을 칭찬하거나 긍정적인 평가를 하는 경우도 많이 없습니다. 다른 모둠 친구들의 발표 내용에서 문제점을 분석하고 아쉬운 부분을 이야기합니다. 항상 잘못되거나 부족한 것은 없는지를 살피는 것이 우선이고, 언제나 문제를 자신이 해결해야 한다는 강박을 가지고 있습니다. 일 년간 교실에서 함께 생활하면서 상대를 배려하고 칭찬하는 방법과 요령, 늘 잘하고 뛰어나지 않아도 즐거울 수 있다는 이야기를 하면서 많이 부드러워지기는 했으나 쉽게 승부와 결과에 대한 집착을 버리지는 못했습니다.

사실 이러한 경쟁심과 꼼꼼함이 삶에 큰 원동력이 되기도 하기 때문에 나쁜 것만은 아니죠. 다만 아이가 느낄 부담과 스트레스가 걱정이 되어 신경을 써야 했습니다. 승부욕과 경쟁심은 아이의 성장과 발전을 위해 꼭 필요한 요소입니다. 하지만 과도한 승부욕과 경쟁심은 여러 가지 문제를 불러일으킬 수 있습니다.

\ \ /

첫째, 결과보다 과정을 칭찬해 주세요

승부욕이 강한 성향의 아이에게는 결과보다 준비 과정, 그리고 아이가 기울인 노력을 구체적으로 칭찬하는 일이 중요합니다. 이런 성향의 아이들은 어렸을 때부터 다른 아이보다 더 빨리 뛰어서 1등이라 칭찬받고, 그림 그리기나 피아노 대회에서도 높은 순위에 올라 늘 칭찬을 받으며 자랐을 가능성이 큽니다.

누군가와 비교를 통한 칭찬이나 격려보다 아이가 준비하고 노력하여 이뤄 낸 과정을 구체적으로 짚어 칭찬해 주세요. 아이의 노력 과정이 칭찬과 격려의 내용이 되면 아이도 결과보다 과정의 가치를 새롭게 배울 수 있습니다. 새로운 도전의 든든한 토양이 됩니다. 게다가 과정이 좋으면 좋은 결과가 따라오는 것이 대부분이죠. 앞으로의 좋은 결과 또한 기대하며 아이의 부담을 줄여 줄 수 있는 방법입니다.

놀이공원 가기, 영화 감상하기 등 다른 아이들과 경쟁이 필요 없는 모임을 갖다 보면 함께 어울리는 법을 배우고 친구들을 '너'가 아닌 나와 연결된 '우리'로 인식하는 데 도움이 됩니다. 같은 취지로 요즘 학교에서 체육을 할 때 승부를 가리지 않고 게임이 반복되는 활동들을 많이 도입하고 있습니다.

과한 경쟁심을 가진 아이들은 항상 부담과 스트레스 속에 있다 보니 상황을 제대로 즐기지 못하는 경우가 많습니다. 그런 아이들은 만족감을 느끼기보다 끝없는 갈증과 결핍으로 힘들어합니다. 이러한 아이들에게 '우리, 함께'의 가치를 바르게 이해시키고 실천할 수 있도록 도와준다면 아이들은 더 행복해질 수 있을 것입니다.

안 좋은 친구와
어울리는 것 같아요

    모든 부모님이 가장 궁금해하고 걱정하는 부분이 친구 관계 아닐까 싶습니다. 친구 관계는 아이의 학교생활과 정서적인 면의 대부분을 차지할 만큼 중요한 부분이죠. 친구들과 놀기 위해 학교에 간다고 하는 아이들도 많으니까요.

    교직에 들어선 지 몇 년 되지 않아 6학년을 담임할 때 일입니다. 우리 반에 세준이라는 덩치도 크고 성격이 거친 남학생이 있었는데 크고 작은 다툼마다 거의 늘 연관되어 있었습니다. 말다툼을 하거나 가벼운 몸싸움을 하는 정도였지만 워낙 그런 일들이 자주 일어나다 보니 손이 많이 가는 아이였습니다. 두 달여가 지났을 때

쯤 알게 된 사실인데, 그 아이는 함께 어울리는 한 친구의 이간질이나 거짓말로 억울하게 사건에 얽혀든 것이었습니다. 물론 본인 잘못도 있지만 그러한 상황을 만드는 친구가 옆에 있어서 계속 같은 상황이 반복해서 벌어졌던 것입니다. 워낙 기가 차고 인상적인 일들이라 그 이후로 아이들의 관계를 살필 때 큰 도움이 되었기도 합니다.

'안 좋은 친구'를 단정하기는 어렵습니다. 성장기 아이들의 경우 행동과 성향이 수시로 바뀌기도 하고 잘잘못을 판단하는 인식 또한 상대적인 면이 강하기 때문입니다. 그래도 흔히 말하는 질이 나쁜 학생들을 꼽아 보자면, 행동이 거칠거나 장난기를 과하게 표출하는 아이, 버릇없는 아이, 욕을 많이 하거나 다른 친구들을 이간질하는 아이, 거짓말을 많이 하는 아이 등이 우리가 일반적으로 말하는 질이 나쁜 친구의 범주에 속할 것입니다.

이런 행동을 반복하는 학생들은 한 학급에 두세 명 정도인데요. 내 아이가 이런 친구들과 자주 어울린다면 부모님은 걱정스러울 수밖에 없습니다. 그래도 친구인데 놀지 말라고 할 수도 없고, 계속 어울리게 두자니 불안합니다. 이때 부모님은 어떤 행동을 취할 수 있을까요?

\\ ¦ / /

첫째, 아이를 섣불리 판단하지 말아 주세요

부모님들이 가장 많이 실수하는 부분이 바로 우리 아이 앞에서 안 좋은 친구를 특정하고 그 아이를 문제 있는 아이로 규정하는 행동입니다. 섣부른 판단은 자제해 주시고 그 그룹이나 아이들끼리의 관계에서 더 영향력이 큰 아이가 누구인지 객관적으로 판단하는 것이 중요합니다. 어쩌면 우리 아이의 잘못이 크거나, 우리 아이가 그 그룹에서 주도적인 역할을 하고 있을 수도 있습니다. 우리 아이와 다른 아이 모두 상처받지 않고 좋은 방향으로 돌아올 수 있도록 돕는 것이 어른들이 할 일입니다. 걱정된다면 우선 담임선생님과 상담하세요. 우리 아이와 반 친구들의 말과 행동을 가장 자주, 객관적인 어른의 시선에서 바라보는 사람은 담임선생님입니다. 담임선생님은 아이들에 대해 많은 정보를 알고, 또 구체적인 도움을 줄 수 있는 가장 중요한 협력자입니다.

둘째, 아들의 친구들과 이야기해 보세요

아이들 세계는 아이들에게 듣는 것이 가장 확실합니다. 친한 친구뿐 아니라 같은 학급 친구들과도 이야기를 나눠 보세요. 여러 친구의 이야기를 들어 보면 내 아이가 어떤 행동을 하는지 또 반에서 어떤 상황에 처해 있는지 보다 다양한 시각에서 구체적으로 파악할 수 있습니다. 구체적인 확인이 필요하다면 동의하에 아이의 SNS 내용을 살펴볼 수 있습니다. 요즘은 많은 학생이 스마트폰을 사용하기 때문에 SNS를 통해 많은 대화를 하고 모임과 놀이를 계획합니다. 하지만 특별한 문제가 없다면 이 부분은 아이의 사적인 공간으로 두시는 것이 더 좋습니다.

셋째, 아들의 관심을 돌릴 만한 것을 찾아 주세요

문제가 다른 친구에게 있다고 판단이 되면 선생님께 도움을 요청하고, 내 아이에게는 그 친구와 놀지 말라고 제한하기보다 다른 관심을 둘 만한 것들을 제안하는 것이 좋습니다. 잘못된 행동을 하는 친구와 어울리는 것은 자극적이고 즐겁기 때문입니다. 경험해 보지 못한 새롭고 흥미로운 내용이 있기 때문이죠. 그러한 즐거움을 대신할 만한 운동(스케이트보드, 농구, 배드민턴, 탁구, 프리스비 등)이나 또래 동아리 활동(만들기, 만화, 밴드, 연극, 과학실험 등)을 통해 새로운 친구들을 접하고 만날 수 있도록 도움을 준다면 아이의 관심을 긍정적인 방향으로 돌릴 수 있습니다.

학교에 건의할 때
부모가 할 수 있는
가장 효과적인 방법을 알려 주세요

학교는 새로운 세대를 가르치고 길러 내는 곳이지만 아직 보수적인 성향이 강한 곳입니다. 빠른 사회 변화에 적응하는 것도 중요하지만 쉽게 흔들려서는 안 되는 도덕적 가치들을 배우는 곳이기 때문입니다.

반면에 아이들은 기존 세대보다 빠르게 변화하고 새로운 것들을 능동적으로 흡수합니다. 그렇기 때문에 공교육 기관은 학생들이 지켜야 할 가치와 새로운 것에 대한 학생들의 지적 욕구를 채워 주어야 할 책임이 함께 있습니다. 이러한 노력은 학교를 운영하고 함께 만들어 가는 모든 구성원이 마음을 모을 때 실현 가능합니다.

학교가 변화하고 움직이기 위해 반드시 필요한 요소는 교육과정 운영 시스템, 교육 주체(교직원), 교육 협력자(학부모)입니다. 이 요소들에 힘을 실어 주고 변화를 도모할 수 있는 방법은 지속적인 관심과 적극적인 움직임입니다.

근무했던 학교에서 겪었던 일입니다. 아이들이 통학로로 사용하는 학교 앞 도로가 내리막길인데 공사 차량이 자주 다니는 곳이라 항상 불안했습니다. 방지턱을 설치하고 횡단 보도 위치를 변경하면 위험도를 많이 줄일 수 있어 학교에서 경찰서와 시청에 공문을 보내고 협조를 구했지만 당장 예산이 없다는 답변만 받고 기다리던 상황이었습니다. 그런데 많은 학부모들이 지속적으로 전화하고, 구청 홈페이지에 민원 글을 게시하자 한 달 내에 모든 조치가 이루어졌습니다. 물론, 아이들의 안전을 위해 해당 구청에서도 시급한 사안이라는 판단했겠지만 학부모들의 관심과 적극적인 행동이 있었기에 가능했던 일이라고 생각합니다. 아이들을 위해 함께 발 벗고 나서 주셨던 분들이 참 고마웠습니다.

첫째, 학부모만의 예리한 시선이 꼭 필요합니다

학부모들이 적극적으로 학교 교육에 참여할 때 가장 큰 변화가 생길 수 있습니다. 지금까지는 교육기관과 교사들이 주도해서 학교를 운영했습니다. 하지만 점차 학생들과 학부모들의 의견을 많이 반영하여 교육 수요자 중심의 교육을 만들고자 노력하는 추세입니다.

학교에서 다음 학년도 교육과정을 구성하고 계획할 때 학부모님들과 학생들의 의견을 수렴하곤 합니다. 그런데 설문 응답률이 80%에 미치지 못할 때도 많고 '내가 부모라면 이런 건의 사항이 좀 나오지 않을까?' 하는 부분에 대한 의견이 전혀 없을 때도 종종 있습니다. 설문에 참여하는 것이 조심스럽기도 하고 귀찮을 수도 있다는 것 잘 압니다. 하지만 결과를 가지고 뒤에서 불만을 토로하기보다 사전 계획 단계부터 적극적으로 의견을 반영시켜 아이들을 위한 좋은 학습 환경을 제공할 수 있다면 훨씬 가치 있는 일이 될 것입니다.

둘째, 아들 한 명이 아닌
학교 전체를 놓고 생각해 주세요

변화에 더 큰 힘을 실어 줄 수 있는 것이 학부모들의 '내 아이'가 아니라 '우리 아이들'을 위한 참여입니다. "우리 아이는 비염이 있어 미세먼지가 조금만 있어도 운동장에 나가면 안 돼요."라는 민원보다 "호흡기가 좋지 않은 학생들을 위해 실내 체육 공간을 확보해 주세요, 실내 공기 정화 시설을 설치해 주세요."와 같은 건의가 직접적인 도움이 되며 의견 반영 속도 또한 빨라질 수 있습니다.

학교에 건의할 때는 다음과 같은 방법을 활용하면 됩니다.

- 학년 초 담임선생님과의 학부모 상담 시간 및 연말 교육과정
  설문조사 활용하기
- 학교 관리자(교감 선생님)와 대화(전화, 방문)를 통해 건의하기
- 각 시 교육 지원청 담당 장학사, 시청 홈페이지 활용하기
  (예 : 미세먼지 대처 방안)

셋째, 실내 체육 공간 확보를 위해 건의해 주세요

미세먼지로 운동장 수업이 힘들어진 탓에 학교마다 강당이 항상 아이들로 가득 들어찹니다. 좁은 강당을 여러 반이 공유하다 보니 좁은 공간에서만 가능한 활동으로 치우칠 수밖에 없고 점심 시간에 실컷 달리기도 힘듭니다. 아이들에게는 마음껏 달리고 공을 찰 수 있는 공간이 필요합니다. 공간이 부족한 학교에 보낸다면 아이의 체육 수업, 실외 놀이를 위한 공간을 추가로 확보해 달라는 요청을 해 주세요.

이외에도 수시로 필요한 건의 사항이 있다면 담임선생님께 먼저 말씀해 주세요. 건의대상은 학교뿐만 아니라 교육청과 정부 기관 등 다양하게 할 수도 있습니다. 학교에서 필요한 교육 활동은 예산 없이는 진행하기가 어렵고, 이런 예산은 교육청과 지자체의 협조로 이루어집니다. 우리 아이들의 교육환경을 위해서는 학교의 노력과 더불어 학부모님들의 긍정적, 적극적 참여와 행동이 큰 도움이 된다는 걸 꼭 기억하세요.

우리 아이 일상생활,
어떻게 해야 할까요?

성에 호기심이 생긴 아들,
성교육은 어떻게 시작할까요?

어린 시절, 동네에서 함께 어울리던 친한 친구 네 명이 있었습니다. 학교도 같아 주말 대부분의 시간을 함께 보낼 만큼 친했습니다. 그러다 보니 비어 있는 친구 집을 돌아가며 노는 시간이 많았습니다. 5학년 봄 어느 날, 친구들과 함께 길을 가던 중 쓰레기봉투 속에 담겨 버려진 비디오테이프를 발견했습니다. 동네 형들에게 들었던 겉면에 제목이 없는 비디오테이프라 호기심과 궁금증은 말할 수 없이 커졌습니다.

얼른 테이프를 들고 한 친구의 집으로 달려가서 VCR(비디오재생기)에 넣었습니다. 잠시 뒤, 텔레비전에서 나오는 장면들에 우리 모두는 얼어붙었습니다. 가슴이 콩닥거리고 묘한 기분에 며칠 동안 머릿속에서 떠나지 않았던 그 기억이 아직도 생생합니다. 친구들 모두 벌겋게 상기된 얼굴로 마른 침만 삼키던 그 순간이 저에게는 가장 충격적인 성의 첫 경험이었습니다.

초등학교 4학년 때인가 처음으로 학교에서 성교육을 받기는 했습니다. "정자와 난자가 만나서 아이가 되고, 여자는 생리를 하는데 커 가는 시기에 자연스러운 현상이니 너무 놀라거나 부끄러워할 필요는 없다."

그때 한 여자 친구가 "남자도 생리한다고 하던데요? 책에서 봤어요."라고 이야기하자 선생님께서는 조금 당황한 기색으로 "남자는 생리를 안 해. 몽정이라는 게 있기는 한데, 그건 아직 몰라도 되니까 나중에 따로 이야기하자."라며 미뤄 두셨습니다.

이것이 제가 초등학생 시절에 받은 유일한 성교육이었습니다. 부모님에게는 받아 본 적도 없습니다. 부모님은 항상 가게 일로 바쁘셨고 저는 이미 책을 통해 많은 내용을 알고 있어 궁금한 티를 내지 않았으니 굳이 할 필요를 못 느끼셨을지도 모르겠습니다. 이 글을 읽고 계시는 부모님 세대는 저와 비슷할 것이라 생각합니다. 성교육에 참 무신경하고 어설펐던 시절이었습니다. 하지만 아쉬운 점은 지금의 성교육도 나아지고는 있으나 여전히 적절하고 충분히 이루어지지는 못한다는 것입니다.

저는 매년 학급을 맡으면 가능한 학기 초 1, 2주 내에 성교육을 합니다. 교과 내용 가운데 관련 있는 부분과 연결지어 수업하거나 아침 시간, 알림장 쓰는 시간을 활용하기도 합니다. 특히나 4~6학년의 경우는 2차 성징이 이미 시작되었거나 곧 접할 아이들이기 때문에 미리 편한 마음으로 성을 대할 수 있게 해 주고 싶은 마음에서 하는 일입니다.

성과 관련된 장난이나 실수들은 겉으로는 티가 덜 나지만 그래서 더 큰 상처를 주고받을 수 있기 때문에 늦지 않게 다루어야 합니다. 하지만 성교육을 할 때면 참 난처할 때가 많습니다. 아이마다 가정에서 또는 책이나 미디어 등을 통해 접해 온 성에 대한 인식도 다르고 배경지식도 천차만별이라 수준이나 용어, 방법 등을 선택하는 일이 매우 어렵습니다.

첫째, 성교육은 가정에서 출발합니다

성교육은 어려서부터 자연스럽게 이루어져야 합니다. 성에 대한 가치관을 부모님을 통해 정립하고, 학교에서는 사회 속에서 성을 어떻게 다루고 대처해야 하는지를 배워야 합니다. 사실 아이들이 가장 궁금한 것은 정자와 난자가 만나 수정이 되고 아이가 생긴다는 사실보다 도대체 아빠와 엄마 몸 속에 따로 있는 정자와 난자가 어떻게 만나는가, 하는 것입니다.

문화가 달라지고 매체가 발달하다 보니 초등 중학년에 성을 접하는 아이들도 꽤 많습니다. 하지만 이러한 궁금증을 부모님이나 선생님이 해결해 주지 않고 모른 척 애매하게 넘어가는 경우가 많습니다. 인간으로서 성의 소중함과 가치를 바르게 인식하고 공감하는 일은 너무나 기본적인 부분입니다. 아이가 잘못된 성 의식을 갖지 않도록 적절한 시기에 구체적으로, 눈높이에 맞추어 교육을 해야 합니다. 대부분의 부모님은 성교육을 받은 경험도, 가르쳐 본 경험도 거의 없기 때문에 성교육을 하기 전에 관련 내용을 미리 살펴보고 준비하는 것이 좋습니다.

아동 및 청소년 성교육 자료 참고 사이트		
구 분	주 소	자 료
아우성(미디어채널)	http://ddalbar.net/	연령별 성교육 영상자료 성교육자료실
청소년 성문화센터	http://wesay.or.kr/	체험관성교육 가족프로그램 성교육자료
탁틴내일	http://tacteen.net/	성교육신청, 성상담신청 성교육자료

둘째, 아들만의 파티를 준비해 주세요

외국 성문화에서 좋은 모습 가운데 하나가 딸들의 초경을 기념하며 축하하는 문화입니다. 이러한 과정을 통해 아이들은 성을 두려워하지 않고 자연스럽고 당당하게 받아들인다고 생각합니다. 저희 아들들에게 딸들의 초경 파티처럼 해 줄 수 있는 것이 없을까 생각하다 아내와 함께 생각한 것이 있습니다. "음경 주변에 털이 나거나 코 밑 수염이 진해지면 바로 말해라. 그날은 파티다."

아들들은 그날을 손꼽아 기다립니다. 작은아이는 사인펜으로 그려 놓고 털이 났다고 우기다가 좌절한 적도 있습니다. 지금도 잊을 만하면 본인들이 아직 기미가 없어 아쉽다고 농담처럼 말하곤 합니다. 우리 아이들에게 성이 친숙하고 자연스러워진다면, 몸의 변화가 기다려지고 당당한 일이 된다면 아이들의 바른 성 의식 성장과 더불어 음성적인 성문화로 인해 발생하는 문제들 또한 줄어들 것입니다.

셋째, 정확한 용어를 사용하세요

아들은 딸에 비해 성적 호기심이 강하고 일찍 찾아옵니다. 아들의 눈높이에 맞추느라 이미 눈치를 채 가는 아들을 붙잡고 '아기씨'가 엄마 몸속에 있는 '아기방'에 들어간다고 설명할 필요가 없습니다. 음경과 음순, 정자와 난자, 자궁과 같은 성에 관한 정확한 용어를 사용하여 설명하는 것이 좋습니다.

몇 년 지나지 않아 알게 될 아들에게 동화처럼, 신화처럼 설명하기보다 궁금한 점을 전문적인 용어로 소개해 주고 자세하게 설명해 줄수록 아빠, 엄마에게 마음을 열고 성에 관한 고민을 흔쾌히 털어놓게 됩니다. 숨기고, 감추고, 미화시키고, 축소시키면 아이도 그 사실을 눈치채고 성에 관한 대화 나누기를 부담스러워할 수밖에 없습니다.

초등학교 저학년(1~2학년)

영역	주제	활동 내용	
인간발달	소중한 생명	• 나와 다른 성 • 아기 탄생과 소중한 생명 • 자기 성과 반대 성의 차이점	• 생명의 소중함 • 몸의 구조와 역할 • 건강한 성장
	남녀의 성과 생활	• 남녀 화장실이 다른 이유	• 남녀의 생활 방식의 차이
인간관계	가족에서의 예절	• 가족의 좋은 점 소개하기 • 화목한 가정을 위한 나의 역할 • 가족 구성원 성별에 따른 예절 • 동성 친구와 이성 친구 이해하기	• 가족 구성원의 성의 차 이해하기 • 우리 가족의 구성원 • 친구의 개성 존중하기 • 친구를 소중히 여기기
	친구 사이의 예절	• 나의 마음 표현하기 • 상대방의 표현 받아들이기 • 이성 친구와의 상황별 인사말 이해	
	행복한 가정	• 결혼의 의미와 가정 • 내가 살고 싶은 가정 • 부모와 나와의 관계 이해	
대처기술	동·이성 간 올바른 태도와 의사 결정	• 동성과 이성에 대한 몸가짐과 태도 • 올바른 몸가짐을 하기 위한 나의 의사 결정 • 동성과 이성 간 존중해야 하는 까닭 • 동성과 이성 간 서로 존중하는 행동 • 동성과 이성 간 존중하는 태도 • 동성과 이성 간 학교생활에서의 실천 태도	
	의사 표현하기	• 이성 친구 앞에서 자신 있게 의사 표현하기 • 싫어하는 것을 친구에게 표현하기	

영역	주제	활동 내용
성 건강	깨끗하고 건강한 나의 몸	• 몸을 깨끗이 해야 하는 이유 • 생식기 청결 방법 • 상황에 맞는 단정한 옷차림 • 성별에 따른 안전하고 편안한 옷차림
사회와 문화	강요된 행동과 성폭력	• 성적 강요행동의 의미 • 강요된 성적언어의 이해 • 성적 강요행동의 대상 및 유형 • 성폭력의 의미 • 성폭력성 놀이의 이해 • 성폭력성 놀이의 유형 • 좋은 접촉, 나쁜 접촉 구별하기 • 접촉에 따른 성폭력 예방 • 성폭력에 따른 대처 방법
	성 역할과 평등	• 성 역할의 의미와 역할 분담 • 양성평등과 가사 분담
	인터넷과 대중 매체의 성	• 인터넷 활용의 편리성과 위험성 • 인터넷의 피해 사례 • SNS 활용의 편리성과 위험성 • SNS의 피해 사례 • 음란물의 이해 • 사진 속 음란물의 종류와 대처법
	음란물의 이해	• 대중 매체에 나타난 성 표현 사례 • 올바른 대중 매체 시청 방법 • 대중 매체에 제시된 시청 금지의 의미 알기 • 자신에게 맞는 대중 매체 프로그램 찾기

초등학교 중학년(3~4학년)

영역	주제	활동 내용
인간발달	성과 생활	• 성의 의미와 생활 • 내면의 아름다움 • 외모보다 내면을 중시하는 태도
	생명의 탄생과 신체 발달	• 생명의 소중함　• 생명이 창조되는 과정 • 남녀 간 신체 발달의 공통점　• 남녀 간 신체 발달의 특성과 차이점 • 성장하는 몸　• 성장에 따른 신체의 변화
	남녀의 성장과 성 정체성	• 남녀의 심리적 차이와 특성 • 사회생활에서의 바람직한 남녀의 역할
인간관계	결혼에 따른 구성원의 역할과 책임	• 가정의 의미와 소중함에 대한 이해 • 성별에 따른 가족 구성원의 역할과 중요성 • 가족 간에 화목하게 지내기 위해 실천할 일 • 내가 꿈꾸는 결혼　• 부모의 책임과 역할
	이성 친구 간의 언어와 예절	• 우정의 중요성　• 이성 친구 간에 발생하는 갈등의 원인 • 이성 친구 간에 사용해야 할 언어예절　• 이성 친구와의 놀이 유형 • 놀이 중 이성 친구에게 지켜야 할 예절
대처기술	성적 행동에 대한 의사 결정과 의사소통	• 올바른 의사 결정 방법　• 성적 행동에 대한 나의 결정 • 이성 친구와 대화 예절 연습 • 타인을 이해하고 존중하는 언어 사용하기 • 자신과 타인을 이해하고 존중하는 태도 • 자기 주장과 다를 때 거절해야 하는 이유 • 이성 친구에게 바람직한 방법으로 거절하는 표현
	서로 돕는 사회	• 도움이 필요한 경우 이해 • 나를 도와 줄 수 있는 사람 알고 고마운 마음 갖기 • 도움이 필요한 상황에 따른 적합한 도움 선택하기 • 상황에 따른 도움 방법 알고 요청하기

영역	주제	활동 내용
성 건강	남녀의 생식기 관리	• 남녀의 생식기 위생 • 남녀의 생식기 관리 방법 • 남녀의 생식기 건강에 좋지 않은 옷차림 • 남녀의 생식기 건강에 알맞은 옷차림
사회와 문화	성폭력과 인터넷	• 성적 강요 행동의 의미 • 성적 강요 행동의 대상 및 유형 • 성폭력의 의미 • 성폭력을 부정적으로 보는 이유 • 성폭력 피해 예방을 위한 행동 요령 • 성폭력의 예방과 대처 사례 • 성폭력 대처 방법 • 성폭력 예방법 요약하기 • 성폭력 예방법을 나만의 책으로 만들기 • 성폭력 예방을 생활화하기 • 생활 속 인터넷의 편리한 이용 사례 • 인터넷을 이용한 성폭력 사례 • 사이버 세상의 편리성과 위험성 • 인터넷을 이용한 성폭력 사례 대처 방법
	모두가 존중받는 사회	• 가정과 사회에서 성 역할의 변화 • 문화, 인종, 종교 등에서의 다양성 존중 • 모두가 존중받는 성차별 없는 사회의 이해
	음란물과 대중 매체	• 영상 속 음란물의 종류와 문제점 • 영상 속 음란물 대처 방법 • 대중 매체에 나타나는 성 문화 • 대중 매체 속 성 문화의 문제점

초등학교 고학년(5~6학년)

영역	주제	활동 내용
인간발달	사춘기와 생식기의 이해	• 인간 발달과 사춘기 　• 사춘기의 도래 시기 • 사춘기의 의미와 특징 　• 생식기의 명칭과 기능 • 남녀 생식기 차이의 이해와 보호
	태아의 발달과 출산	• 난자와 정자의 만남 　• 태아의 발달 과정 • 아기의 출산 과정 　• 부모님께 감사 표현
	사춘기의 변화와 대처	• 사춘기 신체변화의 이해 　• 사춘기 신체변화의 대처 • 2차 성징과 호르몬의 작용 　• 사춘기 심리변화의 이해 • 사춘기 심리변화와 대처 　• 개인차 이해로 긍정적 신체상 정립
인간관계	건전한 친구 사귀기	• 건전한 이성 친구 사귀기 • 사춘기 시기 이성에 대한 관심을 바르게 표현하는 방법
	결혼과 행복한 가정	• 결혼과 배우자 선택 • 행복한 가정의 이해
대처기술	효과적인 의사소통	• 동성과 이성 간 의사소통의 필요성 • 동성과 이성 간의 효과적인 의사소통 방법 • 나를 주체로 말하는 나 메시지 의미 이해 • 나 메시지 전달법으로 이성 친구와 대화 나누기 • 이성과의 효과적인 의사소통 • 효과적인 의사소통 방법의 연습
	거절하는 방법	• 자기 주장의 의미 　• 상황에 맞는 거절 방법 • 필요한 도움 요청 방법

영역	주제	활동 내용	
성 건강	사춘기의 건강 관리	• 사춘기 남자의 생식기 변화 • 사춘기 여자의 생식기 위생 • 사춘기의 바람직한 건강 관리법	• 몽정의 이해와 바른 관리법 • 월경의 이해와 바른 관리법 • 이성에 대한 배려의 마음 갖기
	에이즈의 이해	• 에이즈의 이해 • 에이즈의 감염 경로 및 예방법	
사회와 문화	강요된 행동과 성폭력의 대처	• 가족과 친척의 의미 • 친족 성적 강요 행동의 대상과 유형 • 성폭력 실태 및 사례 • 상황별 성폭력 예방 및 대처법 • 또래 성폭력의 예방법 • 행복한 우리 교실 가꾸기	• 친족 성적 강요 행동의 의미 • 성폭력의 의미 • 상황별 성폭력 사례 • 또래 성폭력의 의미 • 또래 성폭력의 대처 방법
	성 차이와 성 역할	• 성 차이와 성차별의 의미 • 성 역할 고정 관념 • 양성 평등한 직업관	
	대중 매체와 성	• SNS를 이용한 성폭력 사례 • SNS를 이용한 성폭력의 대처와 예방법 • 성 상품화의 의미 • 대중 매체 속 불편한 광고 바로잡기	
	음란물의 대처	• 인터넷 음란물의 의미 • 인터넷 음란물의 위험성 • 인터넷 음란물이 청소년에게 미치는 영향 • 인터넷 음란물에 대한 대처 방법	

온종일
스마트폰을 끼고 사는
아들이 걱정돼요

"스마트폰에 중독된 것 같아요. 자기 전에 스마트폰으로 검색을 하거나 영상을 보지 않으면 허전해서 잠이 오지 않습니다. 화장실에 갈 때도 제일 먼저 집어 드는 게 스마트폰입니다. 종일 몸에서 떨어지지 않는 것 같아요."

아들의 이야기일까요? 아니고요, 부끄럽지만 제 이야기입니다. 하루에 스마트폰을 보는 시간이 다섯 시간은 족히 됩니다. 화장실 갈 때 가지고 가지 않기, 침실에 들어갈 때 스마트폰 가지고 가지 않기, 게임 삭제하기 등 여러 가지 노력을 해 봤는데 쉽지 않았습니다. 저 스스로에 대한 자괴감이 들면서 동시에 스마트폰이 참 무섭다는 생각도 했습니다.

'스몸비'라는 신조어가 있습니다. 2015년 독일에서 시작된 말로, 스마트폰smartphone과 좀비zombie를 합성한 단어입니다. 스마트폰 화면을 들여다보느라 길거리에서 고개를 숙이고 걷는 사람을 넋이 없는 시체인 좀비의 걸음걸이에 빗대 일컫는 말이지요.

하교 후 집으로 돌아가는 학생들을 거리에서 보면 왜 이러한 말들이 등장했는지 충분히 이해가 갑니다. 거리를 걸으면서도 SNS와 게임에 빠져 있는 아이들을 보며 혀를 찬 적도 많이 있으셨을 겁니다. 어른들도 가장 조절하기 힘든 것이 스마트폰 사용인데 아이들은 얼마나 더 힘들까 하는 생각도 듭니다.

2018 스마트폰 과의존 현황 통계			
구 분		과의존위험군(%)	일반사용자군(%)
학령별	유치원생	19.1	80.9
	초등학생	22.8	77.2
성별	남성	18.3	81.7
	여성	20.0	80.0

※출처 : KOSIS(국가통계포털)

약 10여 년 전부터 '인터넷 중독-게임 중독-SNS 중독' 등 학생들의 중독을 걱정하는 분위기가 지속되어 왔습니다. 통신기술이 발달하면서 아이들의 중독 증상은 점차 심해지고 있습니다. 각종 통계자료와 학교에서의 근무 경험을 토대로 볼 때 지역이나 학년에 따라 차이를 보이기는 하지만 초등학교 저학년 학급에서는 약 50%, 중고학년에서는 7, 80%의 학생들이 스마트폰을 사용합니다. 이렇게 많은 아이들이 스마트폰을 접하면서 생기는 문제에 부모님들이 소극적으로 관리를 한다면 아이에게 심각한 부정적 영향을 미칠 수 있습니다. 아이들은 아직 관리 조절 능력이 부족하므로 아이와 함께 끊임없이 고민하며 사용법과 가이드라인을 만들어 가야 합니다.

스마트폰이 주는 긍정적인 효과들도 많습니다. 하지만 관리가 잘되지 않았을 때 성장기 어린이들에게는 돌이키기 어려운 상처와 흔적을 남길 수 있습니다. 발생하는 문제가 눈에 잘 보이지 않는다고 가볍게 지나친다면 아이들에게 미칠 악영향은 상상 이상일 수 있습니다. 우리 아이들을 지켜 줄 사람은 부모님밖에 없다는 생각으로 바르고 안전하게 성장할 수 있도록 관심을 기울여 주세요.

\\ / /

첫째, 되도록 늦게 시작하십시오

일찍부터 아이의 손에 스마트폰을 쥐어 주면 부모의 사정권에서 멀어지는 즉시 스마트폰에 빠져든다고 해도 과언이 아닙니다. 주변 가족과 친구들이 사용하는 모습을 늘 보기 때문에 유혹을 이겨 내기란 쉽지 않습니다. 학교에서도 점심 시간과 하교 이후 시간에 복도와 계단, 운동장에서 스마트폰에 몰두해 있는 아이들을 자주 볼 수 있습니다.

아이가 이미 스마트폰을 사용하고 있다면, 아이와 함께 시간과 사용 방법(내용)을 미리 계획하고 정기적으로 확인해야 합니다. 아이를 믿어 주는 것도 필요하지만, 부모가 주기적으로 확인하고 수시로 관심을 보이는 과정도 반드시 필요합니다. 이럴 때 아이가 감시받는다는 느낌보다 관심과 애정을 느낄 수 있도록 부드러운 말투와 아이를 신뢰하는 모습을 보여 주는 것이 중요하겠지요.

둘째, 중독이 의심되는 경우에는
전문가의 도움을 받으세요

　앞에서 말씀드렸다시피 어른도 조절하기 힘든 것이 스마트폰 사용입니다. 반복되는 잔소리는 아들과의 관계만 나빠질 뿐 개선에 큰 도움이 되지 않습니다. 아래 표를 참고하셔서 아이의 상태를 확인해 보시고 중독이 심각한 상태라면 스마트폰 중독 전문가와 상담을 해서 도움을 받는 편이 효과적입니다. 그래야 불필요한 감정 소모 없이 수월하게 해결할 수 있습니다. 스마트폰 중독 자가진단표를 첨부해 드립니다. 이번 기회에 아들만이 아니라 부모님도 함께 진단해 보세요.

청소년 스마트폰중독 자가진단 척도(검사지)

번호	항목	그렇지 않다	때때로 그렇다	자주 그렇다	매우 그렇다
1	지나친 스마트폰 사용으로 학교성적이 떨어졌다.				
2	가족이나 친구들과 함께 있는 것보다 스마트폰을 사용하고 있는 것이 더 즐겁다.				
3	스마트폰을 사용할 수 없게 된다면 견디기 힘들 것이다.				
4	스마트폰 사용 시간을 줄이려고 해보았지만 실패한다.				
5	스마트폰 사용으로 계획한 일(공부, 숙제 또는 학원 수강 등)을 하기 어렵다.				
6	스마트폰을 사용하지 못하면 온 세상을 잃은 것 같은 생각이 든다.				
7	스마트폰이 없으면 안절부절 못하고 초조해진다.				
8	스마트폰 사용 시간을 스스로 조절할 수 있다.				
9	수시로 스마트폰을 사용하다가 지적을 받은 적이 있다.				
10	스마트폰이 없어도 불안하지 않다.				
11	스마트폰을 사용할 때 '그만 해야지'라고 생각은 하면서도 계속한다.				
12	스마트폰을 너무 자주 또는 오래 한다고 가족이나 친구들로부터 불평을 들은 적이 있다.				
13	스마트폰 사용이 지금 하고 있는 공부에 방해가 되지 않는다.				
14	스마트폰을 사용할 수 없을 때 패닉 상태에 빠진다.				
15	스마트폰 사용에 많은 시간을 보내는 것이 습관화되었다.				

※ 출처 : 한국정보화진흥원 인터넷중독대응센터(iapc.or.kr), 상담대표전화 1599-0075

청소년 스마트폰중독 자가진단 척도(해석지)

채 점 방 법	[1단계] 문항별	전혀 그렇지 않다 : 1점, 그렇지 않다 : 2점, 그렇다 : 3점, 매우 그렇다 : 4점 ※ 단, 문항 8번, 10번, 13번은 다음과 같이 역채점 실시 〈전혀 그렇지 않다 : 4점, 그렇지 않다 : 3점, 그렇다 : 2점, 매우 그렇다 : 1점〉
	[2단계] 총점 및 요인별	총 점 ▶ ① 1~15번 합계 요 인 별 ▶ ② 1요인(1,5,9,12,13번) 합계 ③ 3요인(3,7,10,14번) 합계 ④ 4요인(4,8,11,15번) 합계

고위험 사용자군	총 점 ▶ ① 45점 이상 요인별 ▶ ② 1요인 16점 이상 ③ 3요인 13점 이상 ④ 4요인 14점 이상
	판정 : ①에 해당하거나, ②~④ 모두 해당되는 경우
	스마트폰 사용으로 일상생활에서 심각한 장애를 보이면서 내성 및 금단 현상이 나타난다. 스마트폰으로 이루어지는 대인관계가 대부분이며, 비도덕적 행위와 막연한 긍정적 기대가 있고 특정 앱이나 기능에 집착하는 특성을 보이기도 한다. 현실 생활에서도 습관적으로 사용하게 되며 스마트폰 없이는 한 순간도 견디기 힘들다고 느낀다. 따라서, 스마트폰 사용으로 인하여 학업이나 대인관계를 제대로 수행할 수 없으며 자신이 스마트폰 중독이라고 느낀다. 또한, 심리적으로 불안정감 및 대인관계 곤란감, 우울한 기분 등이 흔하며, 성격적으로 자기 조절에 심각한 어려움을 보이며 무계획적인 충동성도 높은 편이다. 현실세계에서 사회적 관계에 문제가 있으며, 외로움을 느끼는 경우도 많다. ▶ 스마트폰 중독 경향성이 매우 높으므로 관련 기관의 전문적 지원과 도움이 요청된다.

잠재적 위험 사용자군	총 점 ▶ ① 42점 이상~44점 이하 요인별 ▶ ② 1요인 14점 이상 ③ 3요인 12점 이상 ④ 4요인 13점 이상
	판정 : ①~④ 중 한 가지라도 해당되는 경우
	고위험 사용자군에 비해 경미한 수준이지만 일상생활에서 장애를 보이며, 필요 이상으로 스마트폰 사용 시간이 늘어나고 집착을 하게 된다. 학업에 어려움이 나타날 수 있으며, 심리적 불안정감을 보이지만 절반 정도는 자신이 아무 문제가 없다고 느낀다. 다분히 계획적이지 못하고 자기조절에 어려움을 보이며 자신감도 낮게 된다. ▶ 스마트폰 과다 사용의 위험을 깨닫고 스스로 조절하고 계획적인 사용을 하도록 노력한다. 　스마트폰 중독에 대한 주의가 요망된다

일반 사용자군	총 점 ▶ ① 41점 이하 요인별 ▶ ② 1요인 13점 이하 ③ 3요인 11점 이하 ④ 4요인 12점 이하
	판정 : ①~④ 모두 해당되는 경우
	대부분이 스마트폰 중독문제가 없다고 느낀다. 심리적 정서 문제나 성격적 특성에서도 특이한 문제를 보이지 않으며, 자기 행동을 관리한다고 생각한다. 주변 사람들과의 대인 관계에서도 자신이 충분한 지원을 얻을 수 있다고 느끼며, 심각한 외로움이나 곤란감을 느끼지 않는다. ▶ 때때로 스마트폰의 건전한 활용에 대하여 자기 점검을 지속적으로 수행한다.

※출처 : 한국정보화진흥원 인터넷중독대응센터(iapc.or.kr), 상담대표전화 1599-0075

셋째, 시간 관리 앱을 적극적으로 활용하세요

평일과 주말 동안 친구나 가족과의 연락을 제외한 스마트폰 사용 시간을 협의하여 결정하고, 도움이 되는 스마트폰 사용 관련 앱(안드로이드의 '블랙아웃', 안드로이드와 아이폰 모두 사용 가능한 '패밀리링크' 등)을 설치하여 스스로 확인할 수 있도록 해 주세요.

일일 사용 시간은 개인별 차이가 있겠지만 초등학생은 하루 최대 1시간을 넘지 않는 선에서 정하는 것이 좋습니다. 대신 평일에 사용 시간이 짧아서 아쉬운 마음을 주말에는 조금 더 많은 시간을 계획하여 해소하도록 하는 것도 방법이 됩니다. 본인 스스로 수긍하고 만족하지 못하는 경우 어디서 어떻게든 사용 시간을 채우려고 하거든요.

중요한 것은 시간이나 횟수보다도 정해진 시간과 사용 계획을 아이와 함께 세우고 그 계획을 지켜 나갈 수 있느냐입니다. 부모님이 일방적으로 정한 사용 계획이 아닌 아이와 협의하여 세운 계획이라면 지키기 위해 훨씬 더 능동적으로 노력할 것입니다.

강하고 나쁜 것에
유난히 끌리는 아들,
이대로 괜찮은가요?

남자아이들이 좋아하는 활동을 살펴볼까요? 어려서는 칼싸움, 총싸움, 레슬링, 뛰어놀기, 레고, 스마트폰, 게임, TV 시청, 유튜브 보기, 운동하기에서 초등 고학년이 되면서는 이것들과 더불어 성적인 것에도 큰 관심을 보입니다. 전체적으로 활동성이 강하거나 시각적 자극이 강한 것들로 엄마들이 질색하고 싫어하는 것들이라는 공통점이 있습니다. 나는 그렇게 키운 적이 없는 것 같은데 우리 아들은 왜 이렇게 폭력적이고 공격적인 놀이만 하려고 하는지 이해하기 어려우실 거예요. 교실의 여자아이들도 질색을 합니다. '선생님, 민식이가 자꾸 빗자루 던져요', '선생님, 준호가 제 공책 찢어서 비행기 접어서 막 저한테 날려요', '선생님, 규혁이가 제가 지나갈 때 발 걸고 밀어요' 여자아이들의 호소는 매일 이어집니다. 엄마인 나는 그러지 않았고 딸들도 안 그렇다는데 왜 우리 아들은 이렇게 몸부림을 치면서 폭력적이고 공격적이고 과격한 것들을 참지 못하고 계속하려고 할까요? 이런 행동을 지적받고 혼나면서도 아들들이 하는 말은 대체로 비슷합니다.

"잘못했어요. 근데, 너무 하고 싶고 참아 보려고 해도 잘 안 참아져요."

원한 적 없는데, 그런 연습을 한 적도 없는데 몸과 마음이 그렇게 움직이고 있으니 그런 아들을 이해해주고 조금씩 하나씩 조절할 수 있도록 도와야 합니다. 시각적 요소에 약하고 충동을 조절하기 힘든 아들들에게 갈수록 시각적 정보와 자극들이 넘쳐나는 요즘 시대는 더 어려울 수 있습니다. 참고 조절해야 하는 갈등의 상황이 아무래도 많을 수밖에 없거든요. 이런 상황을 먼저 이해해 주시고, 이제 방법을 고민해 보겠습니다.

첫째, 강하고 자극적인 것에 끌리는 본능을 인정해 주세요

　미국의 뉴욕시티 대학 연구팀의 결과에 따르면 뇌의 시각 피질의 뉴런이 여자보다 남자가 25% 더 많다고 합니다. 남자가 여자보다 시각적인 것에 더 큰 자극을 느낀다는 것으로 아이들도 마찬가지입니다. 또한 미국 정신건강협회와 건강보험심사평가원 자료를 보면 남자아이들이 여자아이들보다 ADHD 경향을 보일 확률이 서너 배 더 높은 것을 알 수 있습니다.

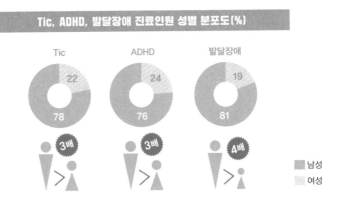

Tic, ADHD, 발달장애 진료인원 성별 분포도(%)

남자아이는 강한 자극들에 반응하고 조절하는 능력이 부족할 수 있습니다. 먼저, 아이 스스로 자신의 특성을 이해하도록 설명해 주시고 지속해서 대화를 통해 아이의 생각과 어려운 점을 나눠보세요. 물론, 반복되는 행동에 대해서는 따끔한 훈육이 필요합니다. 상대적으로 조절하기 어렵다는 것이지 불가능한 것은 아니거든요.

아이도 힘들다는 것을 기억하시고 너무 급하지 않게 천천히 가 주세요.

둘째, 적당한 해소가 필요합니다

남자아이들은 금지된 것에 대한 호기심이 굉장히 강합니다. 하고 싶은 것, 궁금한 것들은 어떻게든 해 봐야 직성이 풀리는 거죠. 아들들은 궁금하고 당장 해 보고 싶은 상황들을 자주 만나는데 그런 욕구를 번번이 제지당하면 가득 찬 풍선 속 공기처럼 어디론가 터져 버립니다. 제한하고 누르기만 해서는 긍정적인 성장을 기대할 수 없습니다. 적절한 수준의 경험을 통해 정서적인 만족감을 느끼고 욕구를 해소하게 해 주세요. 적당한 경험을 통해 부정적인 감정이 없는 상태라면 연령에 맞게 조금씩 조절하는 연습이 필요합니다. 하고 싶은 행동들이 다른 사람들에게 피해를 주지는 않는지 스스로에게는 어떤 영향을 미치는지 생각하는 기회가 필요합니다. 지나칠 경우 문제가 될 수 있는 행동들에 대해서는 스스로 구체적인 방법이나 계획을 세워 벽이나 책상 위에 붙여 두고 생각하며 관리할 수 있도록 연습시켜 주세요. 아이 스스로 잘하고 있다면 문제를 짚어 보고 수정해 나갈 수 있도록 기다려 주시고 개입이 필요하다면 아이에게 도움이 필요한지를 물어보고 나서 도움을 주시면 됩니다.

스마트폰과 게임을 좋아하는 아이에게 무조건 금지하기보다는 대화를 통해 적절한 사용 계획과 방법을 세워 사용하게 하면서 조절하고 참아내는 성공 경험을 갖게 해 주세요. 레슬링과 몸싸움을 좋아하는 아이라면 유도, 합기도, 주짓수와 같이 몸을 마음껏 움직일 수 있는 환경이 필요합니다. 성에 눈을 뜨기 시작해 관심이 높아졌다면 수준에 맞는 성교육 영상, 영화를 보며 부모님과 성에 대해 유쾌하게 이야기하는 경험을 주는 것도 좋습니다.

운동을 좋아했으면 좋겠는데,
어떻게 이끌어 줘야 할까요?

저희 둘째는 참 곰처럼 생겼습니다. 배가 뽈록합니다. 그 모습이 너무 사랑스럽지만 건강도 걱정되고 몸이 무겁다 보니 신체 활동에서 자신감이 떨어져 점점 더 안 하려 해서 걱정이었습니다. 어려서부터 몸이 둔한 편이라 운동회 달리기는 우느라 완주하지 못한 적도 많고, 거의 모든 놀이 활동(운동)에서 성취감을 느껴 본 적이 없는 아이였습니다.

그런데 5학년이 된 지금은 좋아라 하며 먼저 하자고 이야기하는 운동이 생겼습니다. 바로 농구입니다. 다른 운동은 몰라도 농구만큼은 또래 아이들과 가볍게 어울릴 수 있는 수준이 되었고 좋아합니다. 아빠, 형과 꾸준히 2년을 함께 공을 튕기고 던진 노력의 결실이 이제야 보이는 듯해 뿌듯하고 고맙기도 합니다.

남자들끼리 어울리는 방법은 같이 운동하고 게임을 하거나 술을 함께 마시는 것으로 한정되어 있는 편입니다. 다행히도 요즘은 남자들끼리도 차를 마시거나 영화를 보는 등 다양해지는 추세지만 여전히 제한적인 문화가 있습니다. 아쉬운 부분입니다. 그래서 아들에게 운동은 건강과 더불어 편하고 자연스러운 인간관계를 맺는 데 큰 도움이 될 수 있는 분야입니다.

학교에서도 마찬가지입니다. 학교에서 운동을 잘하는 아이들은 다른 친구들에게 선망의 대상이 되며 부러움의 눈길을 받습니다. 그로 인해 아이는 마음만 먹으면 다른 활동에서도 주도적인 역할을 할 수 있는 기회가 많아집니다. 점차 부모님들의 인식도 달라지면서 공부만 잘하는 아이보다 정신과 몸이 건강한 아이, 의지와 활동성이 뛰어난 아이들이 주목받는 시대입니다. 여러 선진국의 교육 시스템의 방향이 그러한 인재들을 길러 내는 데 있는 만큼 우리 교육의 방향도 같은 길을 가지 않을까 싶습니다.

운동신경이 좋은 아이들은 사실 따로 신경을 쓸 필요가 없습니다. 이미 그 아이들은 자연스럽게 친구들 사이에서 무리의 중심이 되는 경우가 많습니다. 그렇지 않더라도 언제든 친구들과 어울리는 데 어려움이 없습니다. 친구들에게 꼭 필요한 존재이기 때문입니다.

고민과 노력이 필요한 아이들은 운동신경이 그리 뛰어나지 않은 아이들입니다. 비만 또는 성향 때문에 어렸을 때부터 운동을 많이 접해 보지 못했거나, 여러 가지 노력과 도전을 되풀이해 보았지만 수많은 좌절과 실패를 맛보며 운동은 어렵고 힘들고 재미없다고 느끼는 아이들은 도대체 어찌해야 운동을 좋아하고, 잘할 수 있을까요?

첫째, 줄넘기처럼 매일 할 수 있는 운동을
습관으로 만들어 주세요

아무리 하기 싫어하는 일도 습관이 되면 별로 어렵지 않습니다. 매일 하는 가벼운 운동이 그렇습니다. 그래서 매일 점심을 먹고 나면 학급 아이들을 데리고 강당에 올라가 줄넘기를 했습니다. 못해서 싫고, 싫어서 못하는 악순환을 끊는 가장 훌륭한 방법은 매일 하면서 자신감을 갖게 만드는 것입니다.

매일 하다 보면 늘 수밖에 없고 잘하는 종목이 되면 싫지 않습니다. 매일 하면 좋은 종목은 줄넘기, 달리기, 철봉, 농구공 던지기, 훌라후프, 캐치볼, 배드민턴 같은 활동들입니다. 이와 같은 종목들 가운데 가정 상황에서 매일 꾸준히 이어 할 수 있는 종목을 정하여 습관으로 만들어 주세요.

줄넘기의 경우 탱그램 스마트로프(줄에 달린 LED나 앱과 연동해 줄넘기 횟수를 보여주는 신개념 줄넘기)를 활용해 아이에게 재미를 붙여 줄 수도 있습니다. 줄넘기가 앱과 연동되어 실시간으로 횟수를 표시해 주고 네트워크에 연결되어 있는 다른 사람들과 기록을 비교하며 운동하는 재미가 있어 처음에는 100개도 힘들어 하던 아이가 이제는 순위를 올린다고 3,000개씩도 곧잘 합니다.

이렇게 즐겁게 운동하는 방법을 함께 고민하는 시간도 필요합니다.

둘째, 친한 친구와 함께 운동할 기회를 주세요

친구 따라 강남 가는 것처럼 우리 아들들은 친구 따라 체육관 갑니다. 썩 좋아하는 운동이 아니어도 친한 친구가 매일 가는 곳이라면 흔쾌히 함께 가서 땀을 흘리고 올 수 있는 것이 우리 아들들입니다. 어떤 운동에도 관심을 보이지 않는 아들이라면 요즘 친하게 지내는 친구가 하는 운동을 알아내 같이 운동할 수 있는 환경을 만들어 주는 것도 좋은 방법이 될 수 있습니다. 친구 따라 체육관 갔다가 친구보다 훨씬 오랫동안 멋지게 운동을 이어 가는 아들들도 종종 있습니다.

셋째, 아이가 자신있어 하는 운동을 찾아 주세요

이러한 유형의 친구들은 먼저 현재 상태를 구체적으로 파악하는 것이 우선입니다. 아이가 어떤 종류의 움직임을 선호하고 자신 있어 하고 잘하는지, 어떤 부분의 능력(민첩성, 순발력, 지구력 등)이 부족한지를 함께 운동하며 파악해 주세요. 부모님, 형제, 친구와 함께 즐기며 할 수 있는 운동들은 다양합니다. 초등학생 또래에서 이미 많이 즐겨 하고 있거나 신체 및 운동 능력 발달에 도움이 될 만한 활용도 높은 몇 가지 운동들을 정리해 봤습니다.

아래 소개한 운동(놀이)들은 학교에서 많이 하거나 활용도가 높은 운동의 일부입니다. 아이와 함께 운동을 즐기며 아이의 거부감을 줄여 주고 좋아하는 운동에 집중하여 즐길 수 있도록 도와주세요. 아이의 건강도 얻고 운동에 대한 인식 변화도 기대할 수 있습니다.

운동명	활동방법	인기도	대상/활용
피구	• 서로 공을 던지고 받기 • 사이에 한 명씩 들어가서 피하거나 잡기	★★★★★	전 학년 / 스포츠클럽대회
축구	• 패스와 슛 연습하기 • 2 vs 2, 3 vs 3 미니 게임 하기	★★★★★	전 학년
배드민턴 탁구	• 부모님, 형제와 자유롭게 치기 • 지역 배드민턴 전용구장 이용하기 (레슨 받기와 주말 아침시간 권장) • 복지관, 주민센터 탁구프로그램 참여하기	★★★★	3~6학년 / 스포츠클럽대회
프리스비 (플라잉 디스크)	• 부드러운 재질의 디스크로 시작해서 실력 향상 정도에 따라 단단한 재질로 변경 • 디스크 주고받기, 목표물 맞추기, 골대 안에 넣기, 다양한 자세로 던지기 등	★★★★	전 학년 / 스포츠클럽대회
농구	• 투바운드 놀이하기, 패스 놀이 • 반코트 3 on 3 게임하기 • 친구들과 사설클럽 또는 학교동아리 구성 후 대회 출전 가능	★★★★	4~6학년 / 스포츠클럽대회
개인 줄넘기	• 신장에 맞는 줄 길이 조절이 중요 (탱그램 줄넘기 – 앱과 연동하여 운동량 기록 및 다른 사람과 비교도 가능) • 모둠 뛰기, 번갈아 뛰기, 이중 뛰기 등 • 2개의 줄 묶어 긴 줄넘기	★★★	1~3학년
구름사다리 놀이	• 구름사다리 매달리기(매달려 건너기), 위로 건너기 • 꽈배기 놀이하기	★★★	전 학년 / 전신 기초근력 향상

초등학생이 좋아할 운동 목록

아들에게
악기 연주나 그림 그리기,
꼭 시켜야 하나요?

저희 가정과 마찬가지로 두 아들을 둔, 가까운 가정이 있는데 어느 날 아이 아빠와 교육 이야기를 나눌 기회가 있었습니다. 그 집 아들들이 몇 년째 오직 운동만 배우고 있어 고민이라고 합니다. 부모 마음에는 악기도 좀 배우고 미술 수업도 들었으면 좋겠는데 다른 활동에는 전혀 관심이 없고 운동만 고집하는 게 못마땅하고 답답하다고요.

아들이 운동을 좋아하면 건강에도 좋고 평생을 두고 즐길 수 있는데 왜 그렇게 고민하냐고 물었더니 나름의 이유가 있었습니다. "나도 대학교에서 체육을 전공했고 운동을 너무 좋아해 지금도 골

프, 테니스, 배드민턴을 하며 시간을 보낸다. 그런데 나이 마흔이 넘어 보니 운동 외에는 할 줄 아는 것이 없더라. 색소폰 부는 것이 멋있어 보여 뒤늦게라도 배워 보려고 했는데 어렵고 늘지 않아서 포기했다고. 운동도 좋지만 나이 들어 보니 삶이 단조롭고 정서적으로 건조한 느낌이 들어 아들들은 그러지 않았으면 좋겠다."고 했습니다.

이야기를 나누면서 예전 TV와 유튜브에서 보았던 영상들이 떠올랐습니다. 전국에서 내로라하는 수재들이 모인 학교이고 대학 진학률 또한 선두를 다툴 만큼 입시 경쟁이 치열한 학교인데 학생들이 모여 악기를 연주하고 있었습니다. 다양하게 활성화된 각종 동아리와 모임들이 참 많았습니다. 학교 차원에서 예체능 활동을 적극 지원한다는 이야기를 듣기는 했지만 실제로 입시를 준비하는 고등학생들이 어울려 악기를 연주하고 연습하는 모습, 만화나 그림을 그리는 모습, 과학 관련 동아리를 만들어 토론하고 관찰하는 모습이 인상적이었습니다.

활동적이고 운동을 좋아하는 아들은 교실에서도 오직 체육만 외칩니다. 방과 후에 달려가는 곳은 태권도장, 합기도장, 유도관, 검도관, 특공무술 체육관입니다. 아들이 운동하며 땀을 쭉쭉 빼는 모습, 스트레스를 풀고 활짝 웃는 모습 정말 보기 좋습니다. 그리고 현실적으로 하고 싶은 운동만 하기에도 시간은 부족합니다. 그럼에도 저는 조금 더 욕심을 내어 초등 남학생들에게 악기 연주나 그림 그리기를 배우고 경험할 기회가 필요하다고 말씀드립니다.

우리 아이들은 대학입시라는 제도의 틀 안에서 긴장과 스트레스로 가득한 학창 시절을 보냅니다. 입시를 앞둔 몇 년 동안 얼마나 크고 많은 스트레스를 받으며 지내는지 같은 과정을 지나온 선배로서 잘 압니다. 단기간에 제도 변화를 기대하기 어렵다면 입시라는 스트레스 상황을 이겨 낼 수단과 방법을 선물하는 것도 부모의 역할이라 생각합니다. 경제적 여건이 허락한다면 초등 시기 아들이 되도록 다양한 것을 경험하고 배울 수 있었으면 합니다. 공부하다 지치고 답답할 때, 좋아하는 곡을 연주하고 그림을 그리는 것만으로도 기분 전환을 할 수 있습니다. 휴식과 더불어 새로운 에너지를 얻을 수 있는 예체능 활동들은 몸과 마음이 힘든 시기일수록 더욱 빛을 발할 것입니다.

사회와 대학에서는 갈수록 다양한 경험을 하고 창의적인 일에 자신 있게 도전하는 자기 주도적인 인재를 찾고 있습니다. 어렸을 때의 배움과 경험들이 작아 보일 수도 있으나 아이의 평생을 두고 보면 큰 열매를 맺을 수 있는 훌륭한 씨앗이 될 수 있습니다.

첫째, 교실에서 리코더는 필수입니다

초등교육에서 리코더만큼 중요한 악기가 없습니다. 빠르면 1학년부터 학교별 인증제를 통해 리코더를 접하기도 하고요, 3학년에 시작되는 음악 과목에서 수행평가 항목 가운데 리코더가 등장합니다. 소근육이 발달한 여자아이들에게 훨씬 유리한 악기이기 때문에 우리의 아들은 리코더 부는 시간이면 마음처럼 움직여 주지 않는 손가락을 원망하며 땀을 뻘뻘 흘립니다.

처음 접하는 무언가를 잘하는 방법은 간단하고 확실합니다. 매일 놀이하듯 그 악기를 접하게 해 주는 방법인데요, 리코더에도 여지없이 통합니다. 아이들은 교실 사물함에 리코더를 넣어 두고는 음악 시간마다 꺼내서 불게 될 텐데요, 집에도 리코더를 하나 장만해 주세요. 2, 3만원 정도의 믿을 만한 회사의 저가형 리코더가 적당합니다. 너무 저렴한 악기는 음이 정확하지 않고 예쁜 소리를 내기가 어려운 경우가 많습니다. 눈에 잘 띄는 곳에 두고 수시로 불다 보면 낯설었던 마음이 서서히 사라질 것입니다.

둘째, 피아노를 강요하지 마세요

소근육을 활용해야 하는 피아노는 아들에게 높은 벽일 수 있습니다. 초등 입학과 동시에 피아노 학원에 등록하는 것을 정규 코스처럼 생각하는데요, 소근육 발달 속도가 더딘 아들에게는 1학년이 너무 빠를 수 있습니다. 모든 아이에게 동일하게 최선의 시기라는 것은 있을 수 없습니다. 아들이 피아노에 마음을 열고 해 볼 만해질 때까지 2학년, 3학년이라도 기다려 주세요. 피아노를 몇 개월 다녀 보면서 아들의 반응을 살펴 다른 악기로 넘어가 보는 것도 음악과 악기에 관한 흥미를 유지하는 좋은 방법입니다.

피아노를 통해서만 음악을 접할 수 있는 것은 아닙니다. 활동적인 아들에게는 드럼, 기타, 전자기타, 베이스기타 등을 추천하고, 섬세하고 차분한 아들이라면 바이올린, 첼로 등의 현악기를 추천합니다. 아들의 악기는 빠르게 진도를 나가려는 욕심으로 접근하면 금방 지쳐 버립니다. 일주일에 한 번의 수업이라도 꾸준히 몇 년간 시켜 보겠다는 마음이면 보이지 않게 차츰 성장해 갈 것입니다.

셋째, 무대에 서는 경험을 만들어 주세요

악기를 연주하기 시작한 아들에게는 무대에서의 경험도 약이 됩니다. 가깝게는 학급 학예회가 훌륭한 무대이고요, 방과후 학교 발표회 행사가 열리는 학교라면 적극적으로 참여하도록 도와주세요. 연습할 때는 부족하고 엉성하게만 느껴졌던 연주가 친구들과 함께 무대에서 조명을 받으며 공연을 해 보면 자신감이 생겨날 수밖에 없거든요. 그만두려 했던 악기였는데 공연을 하고 나서 맛본 성취감 덕분에 꾸준히 이어 가는 아들들도 많습니다.

또 악기 공연은 봉사할 수 있는 좋은 방법이 되기도 합니다. 기회가 주어진다면 어려운 이웃을 위한 공연, 병원과 요양원 방문 공연을 함으로써 잊지 못할 경험을 쌓음과 동시에 봉사 활동 경력도 챙길 수 있습니다. 초등에서의 봉사 활동 경력은 생활기록부에 기재되긴 하지만 성적에 도움이 되지는 않습니다. 하지만 이 경험이 훗날 중, 고등학생, 성인이 되어서도 다른 사람을 배려하고 봉사할 수 있는 사람으로 성장하는 데 도움이 되기를 기대하는 것이지요.

거친 말을 사용하고
가끔 욕도 해요. 괜찮을까요?

"요즘 애들 왜 이렇게 욕도 많이 하고 거친지 모르겠어요. 놀이
터에서 노는데 얼마나 욕을 심하게 하는지 깜짝 놀랐어요. 저희
아들도 그런가요?"
"학교에서 친구들과 어떻게 지내는지, 말을 너무 거칠게 하지는
않는지 걱정이 돼요."

상담 주간에 뵙는 어머니들에게서 종종 듣는 이야기입니다. 그
럴 때 저는 속 시원하게 말씀드리곤 합니다.

"애들 욕 많이 합니다. 그런데 너무 심하지 않으면 욕도 좀 필요하지 않을까요? 제가 초등학생이었을 때도 지금 아이들과 별반 다를 것 없었던 것 같아요."

욕을 시작한 아들, 점점 거친 말을 하는 아들을 보면 엄마는 불안합니다. 거칠게 말하고 욕을 배워 오는 아들이 비행 청소년처럼 보이기도 합니다.

남자아이들은 거친 말과 욕을 좋아하고 금세 배웁니다. 초등 시기에 학년이 올라가면서 점점 욕이 재밌고 흥미롭습니다.

초등 고학년부터 중, 고등학교까지가 남자의 인생에서 욕의 전성기가 아닐까 싶습니다. 혼나지 않기 위해 선생님 앞에서는 참고 노력하지만 쉬는 시간, 점심 시간, 방과 후 수업 시간에는 욕이 난무합니다. 선생님이 교실에 안 계신 줄 알고 마음껏 욕을 쓰다가 화들짝 놀라는 아들들도 있고요, 복도에서 자유롭게 욕을 외치다가 지나가시는 선생님께 걸려서 혼나는 아들들도 많습니다.

사실 현장에 계신 많은 초등 선생님들이 아들의 욕설을 엄격하게 통제하십니다. 하지만 저는 욕도 가치 있는 문화라는 생각을 가진 데다가 초등 시절, 욕을 즐기던 학생이었기 때문에 지나치게 엄격하게 통제하지는 않습니다. 아들들도 숨을 좀 쉬어야 하지 않을까요? 아들의 욕을 들은 부모는 어떤 반응을 보이며 어떻게 지도하면 좋을지 함께 고민해 보겠습니다.

첫째, 막기만 한다고 해결되지 않습니다

학교폭력 예방 교육이나 도덕 시간에 언어 습관, 욕설과 관련된 내용이 나오면 제가 찰지게 욕을 들려줍니다. 아이들은 처음에는 눈이 휘둥그레져서 쳐다보다가 곧 박장대소를 합니다. 일종의 카타르시스라고 해야 할까요? 친구들끼리는 많이 사용하지만 감춰야 했고 어른들에게 들키면 혼이 나는 거친 말이나 욕을 늘 훈계하시던 선생님이 시원하게 뱉으셨으니 얼마나 속이 시원했을까요? 이렇게 공개적으로 욕을 언급하면서 욕의 의미, 유래를 설명하고 욕이 끼치는 부정적인 영향을 설명하면 기가 막히게 알아듣고 사용 빈도를 줄이려고 노력합니다.

참 영리하죠? 맞습니다. 아이들은 정말 금세 습득합니다. 그래서 욕도 감추지 말고 정확히 알고 사용하도록 이끌어 주면 적절히 사용할 줄 압니다. 너무 힘들 때 감정 해소를 위해 자기 자신에게 쓰는 정도는 괜찮지만, 친구에게 욕을 했을 때 친구가 상처를 받을 수 있다고 이야기 해주세요.

둘째, 은어와 비속어도 신경 써 주세요

요즘 욕보다 더 신경 써야 할 것은 은어와 비속어가 아닐까 싶습니다. 아이들은 유행에 민감하고 빠릅니다. 빠르면 4학년 정도부터는 페이스북, 인스타그램 등의 SNS 사용을 시작하고 스마트폰 게임 중에 인터넷 채팅을 하면서 기존에 있던 것에 더불어 새로운 은어와 비속어들을 빠르게 배워 나갑니다. 새로운 문화에 적응하는 힘이 뛰어나지만 아직 바르고 정확한 가치관이 정립되지 않은 상태에서 무분별하게 받아들이고 사용하기 쉽습니다. 그래서 어른들의 관심이 필요합니다.

요즘 세대 아이들이 쓰는 말에는 어떤 말들이 있는지 알고, 부모님도 그러한 표현들을 알고 있음을 아이들이 알게 해 주세요. 가벼운 표현들은 함께 사용하기도 하며 공감해 주면 음성적으로 강화되는 것을 줄여 줄 수 있습니다. 물론 너무 과하거나 심한 표현이 있다면 정확한 의미를 확인하고 스스로 조절하도록 도와주는 것이 좋습니다.

셋째, 무조건 나무라지 말아 주세요

욕이나 거친 말도 종류에 따라서는 가치 있는 문화가 될 수 있습니다. 또래 간에 공감대를 형성하고 이해하는 자신들만의 언어도 필요합니다. 욕, 거친 표현들을 잘 모르는 경우 친구들 사이에서 소외감을 느끼거나 불편한 일들이 생기기도 합니다. 다만 학생들이 뜻도 잘 모른 채 도가 지나치거나 무분별하게 사용하지 않도록 지도하는 것이 중요합니다. 의미를 정확히 알고 적절한 선에서 사용할 수 있다면 거친 말이나 욕도 생활의 윤활유가 될 수 있습니다.

가족 여행이
지루하다고 말하는 아들,
인생 여행을 만들어 주고 싶어요

에펠탑 앞에서 음료수를 사 달라는 말만 반복하고, 루브르 박물관에서 다리 아프다는 얘기만 하는 아들들과 유럽여행을 다녀온 적이 있습니다. 저희 부부에게는 최고의 시간이었지만 아들들에게 유럽의 도시들은 덥고, 다리 아프고, 오직 맥도날드만이 최고 맛집인 도시로 기억에 남아 있습니다.

아들과의 여행은 좀 달라야 합니다. 아들들은 '보는 것'보다 '하는 것'에 열광하기 때문입니다. 경치 좋은 곳에서 풍경을 감상하는 일, 분위기 좋은 카페에서 대화를 나누며 시간을 보내는 일, 역사적으로 지리적으로 의미 있고 유명한 장소를 찾아 지식을 얻고 견문을 넓히는 일, 오랜 시간 이동하는 일, 이 모두가 아들에게는 너무도 '재미없는 일'입니다.

어른과 딸이 환호하는 여행지 대부분을 아들들은 지루하게만 느낍니다. 아무리 유명하고 멋진 바다에 가도 오직 돌멩이 던지는 데에만 관심을 보이고, 역사적으로 유명한 관광지에서도 먹을 것만 찾고, 어느 나라 어느 지역에 가도 오직 물놀이만 하겠다는 아들 때문에 '이럴 거면 뭐하러 여기까지 왔나' 하는 허무한 마음이 들어본 적이 있다면 아들 엄마 맞습니다.

아들에게는 이곳이 얼마나 아름답고 유명한 여행지인지보다 숙소 수영장에 있는 슬라이드가 어느 정도 높이인지가 훨씬 더 중요합니다. 지역에서 유명하다는 맛집에 가서도 햄버거, 피자, 치킨을 찾는 사랑스러운 존재입니다. 그렇게 태어났으니 아들은 아무 문제가 없습니다. 아들은 즐겁고 부모님도 만족스러운 여행, 어떻게 계획하면 좋을까요?

첫째, 몸을 움직일 수 있게 해 주세요

박물관도 좋고 역사 유적도 좋지만 집 밖으로 나선 우리의 아들들은 넓은 곳에서 뛰어놀고 싶습니다. 일단 아들이 마음 편히 뛸 수 있게 넓은 공간에 풀어놓아 주세요. 배드민턴, 캐치볼, 농구공, 축구공 등의 운동 도구를 챙겨 주세요. 해외라도 크게 다르지 않습니다. 국내와 해외를 막론하고 가장 쉽게 접할 수 있는 운동은 물놀이입니다. 안전한 깊이의 물에서 놀게 해 주고 간식과 점심만 잘 챙겨 주면 종일 신나게 노는 게 아들들입니다.

가 보았던 곳 중에서는 사이판이 가장 기억에 남습니다. 훤히 보이는 바닷속에는 물고기들이 가득하고 수심이 깊지 않은 데다가 파도가 잔잔해 아들들은 하루가 짧았습니다. 아들과의 여행을 계획한다면 미니 카트, 산악 ATV, 양궁, 낚시, 버기카, 스노클링, 씨 워킹, 스탠드 업 패들, 패러세일링, 클라이밍, 카트 레이싱 등 몸을 움직이며 박진감 넘치는 종류의 체험을 일정에 포함해 주세요. 최고의 여행이었다고 기억할 것입니다.

둘째, 성세하고 세밀한 것보다
웅장하고 거대한 것을 선호합니다

6학년을 데리고 수학여행을 가면 남, 여학생의 취향 차이가 뚜렷하게 보입니다. 흔히 가는 경주를 예로 들어 보겠습니다. 국립경주박물관에 전시된 통일신라 시대 장신구가 전시된 관에서는 여자 아이들의 발걸음이 눈에 띄게 느려집니다. '예쁘다'를 연발하며 옹기종기 모여 어떤 귀걸이가 가장 예쁜지 이야기 나누느라 신이 납니다.

작고 반짝이는 것에는 조금도 관심 없던 남학생들이 환호하며 멈추어 서는 곳이 있으니 석굴암입니다. 아들은 거대한 것에 일방적인 지지와 호감을 보냅니다. 정교한 유물이 전시된 박물관 안에서 장난치고 뛰어다니던 아들이 저렇게 큰 불상은 도대체 어떻게 만들어진 거냐며 눈을 반짝이며 관심을 보입니다.

아들의 이런 취향을 이해해 주세요. 역사 공부에 관심이 없어서 그런 게 아니고요, 어둡고 덥고 꽉 막힌 전시관이 답답해서 그런 것입니다.

셋째, 아들이 여행 일정을
계획하고 주도하게 하세요

여행 중의 반나절, 혹은 종일의 일정을 아들에게 온전히 맡겨 보세요. 낯선 도시에 간다면 그 도시에 관해 검색해서 가 보고 싶은 곳을 직접 결정하게 해 보세요. 어느 여행지에서 어느 곳을 꼭 가야 한다는 것은 사실 어른들이 만든 고정 관념인지도 모르겠습니다.

여행 중의 시간을 떼어 아들에게 여행 가이드 역할을 맡겨 보세요. 아들의 지난 여행 경험, 성향, 학년에 따라 주도권을 잡을 수 있는 정도에는 차이가 있겠지요. 적게는 한 시간부터 오래는 종일이라도 아들에게 역할을 주면 아들의 발걸음이 달라집니다. 뒤에서 따라오며 덥다고만 하던 아들이 의젓하게 앞장서면서 가족을 이끄는 모습을 만나 보실 수 있습니다.

아들에게 추천하는 국내 체험 활동 장소

장 소	내 용
과천과학관 (www.sciencecenter.go.kr)	과학 관련 체험 요소와 볼거리들이 많은 장소
용인 한국민속촌 (www.koreanfolk.co.kr)	전통문화와 옛 의식주를 고루 관찰하기에 좋으며 작지만 알찬 놀이동산이 있음.
서울 키자니아 (www.kidzania.co.kr)	직업 체험관 (유치원, 초등 저학년부터 적합)
성남 잡월드 (www.koreajobworld.or.kr)	직업 체험관 (초등 중학년 이상에 적합)
용산 전쟁기념관 (www.warmemo.or.kr)	전쟁의 역사를 직접 살펴볼 수 있고 많은 무기들이 전시되어 있어 남학생들에게 인기가 좋은 곳
안면도 갯벌체험	뻘에 빠져 보고 조개와 게를 잡는 재미가 있는 곳.
경기도 어린이박물관 (www.gcm.ggcf.kr)	다양한 체험 활동이 집약적으로 구성되어 있어 좋은 곳
제주공룡랜드, 고성공룡박물관 (www.jdpark.kr, www.museum.goseong.go.kr)	공룡에 열광하는 아들을 위한 국내 최대 공룡 박물관
서울 보라매, 광나루안전체험관 (safe119.seoul.go.kr)	다양한 종류의 안전 체험이 가능
서울 경찰박물관 (www.policemuseum.go.kr)	경찰 체험, 범죄 예방 교실, 교통안전 교실, 사격 게임 활동
천안 독립기념관 (www.i815.or.kr)	독립운동의 역사를 한눈에 보고 체험할 수 있는 곳
보령머드축제(7월) (www.mudfestival.kr)	몸으로 움직이며 자연을 체험할 수 있는 진흙 축제
태백산 눈꽃축제(1, 2월)	눈썰매 타기, 거대한 눈 조각상

Chapter
6

누구도 상처받지 않는
엄마와 아들 대화법

아들이 점점
엄마와의 대화를 피하는 이유

점점 더 닫히는 아들의 입, 그 입을 열어 보기 위해 애쓰는 엄마와 어디서부터 슬그머니 끼어들어야 할지 모르는 아빠. 우리는 이대로 '조용한 가족'이 되고 마는 걸까요? 갈수록 힘들어지는 아들과의 대화를 열기 위해 가족의 솔직한 마음을 들여다봅니다.

실은 저와 저희 초등 두 아들, 아내의 솔직한 마음입니다. 공감하며 위로받으시길 바라는 마음으로 각자가 솔직하게 쓴 글을 모았습니다.

　　엄마는 제 학교에서의 생활이, 친구와 뭐 하고 놀았는지, 학원에서는 어땠는지가 너무나 궁금한가 봅니다. 만날 때마다 물어보는데 매일매일 비슷한 걸 왜 그리 물어보는지 제가 더 궁금해요. 기분이 어떻냐고 자주 물어요. 기분이야 늘 비슷하죠. 학교생활도 늘 비슷하고요. 특별히 다를 것도 없고 표정이나 분위기 보면 적당히 알 것 같은데 자꾸 물어봐서 좀 짜증날 때도 있어요. 아빠도 그래요. 진짜 궁금한 것 같지도 않은데 학교생활 어떻냐고 물으면 저도 적당히 답하고 말아요. 어른들이 제가 무얼 좋아하는지, 무엇에 관심이 있는지 물어보면 좋겠어요. 너무 뻔한 거 말고요.

　　아들 목소리 듣기 참 힘들어요. 이야기 좀 하고 싶고 아이의 속마음도 좀 알고 싶고 학교에서 별일 없이 잘 지내는지 궁금해 죽겠는데 그걸 안 해 주네요. 몇 개 되지도 않는 질문을 눈치 봐 가면서 물어봐야 하고 대답은 기껏해야 단답형 아니면 성의 없고 귀찮다는 형식적인 대답이에요.

그런 아들을 보면 '도대체 왜 저럴까?' 싶어요. 어떨 땐 '나를 싫어하나?', '학교에서 안 좋은 일이 있었나?', '요즘 심각한 고민이 있는 건 아닐까?' 하며 걱정이 됩니다. 다른 집 아이들(특히 딸)은 학교 다녀오면 종알종알 재미있게 이야기한다는데 도통 대화가 오가질 않고 엄마인 나만 늘 물어보고 답을 기다리고 있으니 답답해요. 내 대화법이나 행동이 문제인지, 아이가 문제인지, 아니면 그러려니 하고 포기해야 하는 건지 고민이 되네요. 아들의 무거운 입을 열 방법 좀 없을까요?

흔한 아빠의 푸념

아빠는 늘 2인자예요. 육아에 열심히 참여해 보려고 노력은 했지만 언제나 보조일 뿐이고, 직장에서 성과를 내기 위해 신경 쓰다 보면 퇴근이 늦어지는 만큼 아들과도 저만치 멀어져 있습니다. 가끔 시간이 나서 아이와 둘이 있으면 어색하기도 하고 뭘 하면서 시간을 보내야 할지 잘 모를 때도 많더라고요. 저도 말을 많이 하는 편이 아니라 무뚝뚝한 아들과 함께 있으면 서로가 조용해요.

사실 아들의 특성을 잘 알지도 못하다 보니 관심 있는 주제로 이야기하는 것도 쉽지 않더라고요. 그래서 그나마 아들이 좋아하는 게임을 함께하거나 운동을 하면서 어울리려고 노력은 합니다. 어쩌다 같이 게임을 하면서 친해지는가 싶으면 어느새 나타난 아내가 한심하다는 표정으로 쳐다보고 있고, 눈치가 보여 운동을 같이 해 보려고 하면 몸이 너무 힘드네요. 퇴근하고 집에 와 지쳐서 쉬고 싶은데 귀찮을 때도 많아요. 잘 해 보고는 싶은데 참 어렵습니다.

잘해 보려고 노력하는데 모두가 어렵고 불편하고 어색합니다. 아들과의 대화가 그렇습니다. 시키지 않아도 말하고 싶어 하는 수다쟁이 아들이나 딸이라면 이런 고민이 무슨 필요가 있을까요.

말하는 게 귀찮고 재미없는 아들과의 대화는 달라야 합니다. 아들에게는 상대를 배려하여 관심 없는 대화를 억지로 이어 가고 성의 있게 답하는 게 세상 가장 어려운 일입니다. 마주 앉은 상대가 어떤 기분일까를 공감하는 일이 많이 힘듭니다. 그래서 아들과의 대화는 '우리 아빠, 엄마는 말이 잘 통해'라고 느끼게 만들어야 합니다. 다음 장에 구체적인 방법을 소개했습니다.

아들과 제대로 대화하기 위해
반드시 지켜야 할 십계명

아들은 재미있고 아빠, 엄마는 상처받지 않으면서 언제든 함께 할 수 있는 아들 소통법 십계명을 알려 드립니다. 아들과의 대화는 달라야 하니까요.

하나. 질문 말고 이야기로 시작하세요

관심 없는 내용인데 누군가 반복적으로 물어 오면 어른도 부담스럽기 그지없습니다. 누구나 좋아하지 않습니다. 매일 같은 질문을 반복하면 진심이 느껴지지 않아 '정말 궁금해서 묻는 건가'라는 의심이 들기도 합니다. 집에 들어온 아들에게는 늘 비슷한 질문이 쏟아지지요.

"동하야, 오늘 어땠어? 재미있었어? 뭐가 좋았어?"

아이가 경험하고 느끼는 하루하루는 늘상 비슷합니다. 특히, 아들은 웬만큼 대형 사건이 아니면 기억하지 못합니다. 아들의 기준에서 눈이 번쩍할 만큼 대단한 일이었다면 묻지 않아도 달려와 이야기할 겁니다. 예를 들면, "오늘 현철이랑 민수랑 싸웠는데 글쎄 엄마 민수 얼굴서 피가 났어", "오늘 3반 애들이 피구하다가 교무실 유리창을 깼대. 엄청 혼났다더라고" 정도의 사건이지요. 놀란 엄마는 질문을 쏟아낼 거예요. 피가 나서 병원에는 갔는지, 현철이는 다치지 않았는지, 교무실 유리창이 깨졌을 때 다친 아이들은 없었는지, 우리 아들은 그 현장에 같이 있지 않았는지, 혹시 아는 엄마의 애들이 다친 건 아닌지 귀가 쫑긋하고 눈이 반짝거립니다. 놀랄 만한 일이 있어서 얘기를 꺼냈는데 질문이 폭포처럼 쏟아집니다. 아들은 후회를 하죠. '아, 괜히 말했다'

이야기할지 말지를 결정하는 것은 아이의 몫입니다. 아이가 이야기하고 싶지 않거나 별일 아니라고 생각하는 것을 억지로 알려고 하지 말아 주세요. 그렇다면 마냥 아이가 입을 열어 주기만을 바라고 있어야 할까요? 이럴 때는 방법이 있습니다.

아이에게 질문하지 말고 부모님이 오늘 어땠는지를 먼저 이야기해 보세요. 아이들은 엄마, 아빠 이야기에 귀를 잘 기울입니다. 더 정확히는 '이야기'를 좋아합니다. 오늘 내가 학교 간 사이 엄마에게 어떤 일이 있었고 그 상황에서 어떤 감정을 느꼈는지를 듣고 싶어 합니다. 엄마가 아들의 학교생활을 궁금해하듯 말이죠. 들으면서는 궁금한 점을 질문하기도 하고 학교에서 있었던 비슷한 일을 떠올리기도 합니다. 궁금해서 질문할 때는 꿈쩍 않던 아들이 경쟁하듯 이야기를 꺼냅니다.

이런 시간이 쌓여야 합니다. 함께 이야기를 나누었던 좋은 기억과 느낌이 쌓이면 어느 날엔가 아들은 먼저 이야기를 걸어 오기도 합니다. 또 대화법의 핵심은 상대의 이야기를 잘 듣는 것이라고 하죠? 대화는 아이가 부모님의 생각과 느낌을 들으며 공감하고 더불어 대화법을 배우기도 하는 좋은 시간입니다.

둘. 대답을 생각할 시간을 충분히 주세요

아들과 대화하다 보면 속이 터질 때가 많습니다. 답이 바로 나오지도 않고 그나마도 애매하고 성의 없게 느껴지는 경우가 많거든요. 아들들은 딸들보다 언어적으로 더디게 발달합니다. 안 그래도 더딘데 읽고 쓰기보다는 몸을 움직이려고만 하니 더욱 더디게 성장하는 것이 눈에 보입니다. 그래서 더욱 기다려야 합니다. 아들과 대화할 때는 생각을 정리하고 호흡을 다듬을 시간을 예상하여 여유 있게 기다려 주세요. 대답을 강요하고 재촉하면서 부담을 주는 대화 분위기는 아이와의 소통을 가로막는 장애물입니다. 적절한 답을 고민하는 아들을 기다리지 못하고 '빨리'를 외치다 보면 생각은 무거워지고 입은 닫혀 버립니다.

아이에게 궁금한 점이 있어 질문하는 경우, 단순하고 명확하고 구체적으로 물어봐 주세요. 엄마의 여러 가지 질문에 아들은 정신이 없습니다. 한 가지 생각해 보고 답하기도 버거운데 여러 가지를 한꺼번에 하려다 보니 아예 생각을 그만둬 버리기도 합니다. 과부하가 걸리는 거죠. 한 가지 대답을 할 때까지 기다려 주세요. 그 후에 다음에 관한 대화를 풀어 가세요.

아들에게 궁금한 것이 있을 때는 질문을 이렇게 바꿔 주세요. 답이 확실하게 정해져 있는 질문을 던지면 아들도 답을 합니다. 그리고 확신에 찬 대답을 할 수 있게 된 아들은 엄마와의 대화가 즐거워집니다.

애매한 질문		명확한 질문
무슨 운동 좋아해?	➡	축구랑 농구 중에 뭐가 더 좋아?
누구랑 제일 친해?	➡	쉬는 시간에 주로 누구랑 놀아?
담임선생님은 어때?	➡	선생님은 무서우시니, 재미있으시니?
급식은 어때?	➡	오늘 급식에 고기반찬 나왔어?
친구들은 어때?	➡	올해는 반에 아는 친구들이 많지?

셋. 아들의 사생활을 존중해 주세요

아들에게도 자기만의 시간과 공간은 필요합니다. 어리게만 보이는 저학년 아들도 혼자 무언가에 빠져 있는 시간이 필요하고, 고학년으로 성장하면서는 더욱 그렇습니다. 여건이 허락한다면 아들에게 독립된 공간을 만들어 주세요. 꼭 혼자 사용하는 방이 아니어도 좋습니다. 거실 한켠의 책상, 베란다의 작은 공간이라도 혼자만의 공간이라 느낄 수 있는 아지트면 됩니다. 그 공간을 스스로 계획하고 만들어 갈 여지를 주면 주인이 된 것 같은 책임감을 느끼게 됩니다. 그 공간에서 혼자 공부를 하고, 레고를 조립하고, 만화책에 빠져 읽고, 음악을 듣고, 공상에 빠져 보면서 정서적인 안정감과 만족감을 얻고 에너지를 충전하게 되지요.

아들이 지키고 싶은 영역을 존중해 주는 것이 중요합니다. 아이는 독립적인 인격체라는 사실을 기억해 주세요. 부모와 가족으로부터 충분히 존중받고 격려받으면서 성장한 아이들이 높은 자존감과 자신감을 가지고 성장할 수 있습니다. 주말 자유시간, 애니메이션 감상, 음악감상, 프라모델 만들기처럼 아들만의 개인적인 시간과 공간을 확보해 주어야 합니다.

부모와 자식 간의 친밀감은 무엇보다 중요하지만 적절한 거리역시 필요해요. 모든 것을 감시당하고 간섭받는다는 느낌에 사로잡힌 채로는 성장을 기대하기 어렵습니다. 연인, 부부, 친구가 지나치게 가까운 심리적, 물리적 거리 때문에 상처를 주고받으며 싸우는 것과 같은 이치입니다. 부모와 자식 간이다 보니 거리 두기가 불필요하게 느껴질 수도 있지만, 흔히 말하는 서먹함과는 다른 존중과 배려의 거리라고 생각하시면 좋겠습니다.

아들은 커갈수록 부모님과 함께하는 시간보다 함께하지 않는 시간을 기다립니다. 아쉽지만 그게 정상입니다. 부모의 키를 훌쩍 뛰어넘은 아들이 혼자만의 시간, 친구들과의 시간을 찾지 않고 엄마, 아빠와의 시간만 기다린다고 상상해 보세요. 괜찮으신가요?

우리의 아들들은 서서히 어른이 되어 갑니다. 아들만의 시간과 영역을 인정해 주고, 한 사람의 인격체로 인정받으며 자라면 멋진 어른이 될 것입니다. 부모 눈에 보이지 않으면 당연히 불안하겠죠. 하지만 떨어져서 보내는 그 시간만큼 아들은 더 많은 즐거움을 얻고 성장합니다.

넷. 아들의 관심사를 공유하세요

"유튜브 먹방, 런닝맨, 스마트폰 게임, 이성 친구, 틱톡, 노래 챌린지…."

요즘 초등학생들의 관심사 몇 가지를 적어 보았습니다. 아들이 무슨 생각을 하는지 궁금하다면, 요즘 무엇을 좋아하고 어디에 빠져 있는지를 알려고 노력하면 됩니다. 교실 안 아들들이 가장 답답함을 호소하는 순간이 있습니다. "우리 엄마는 어차피 이런 거 몰라요."라고 복장이 터진다는 표정을 짓습니다. 아들이 입을 열지 않는다며 복장 터져 하시던 상담 때 뵈었던 어머니의 얼굴이 겹쳐지는 순간입니다. 내가 좋아하는 건 엄마가 싫어하기 때문에 아들은 좋아한다고 표현하지 않고, 말이 통하지 않는다고 단정 지어 버립니다.

틀린 얘기가 아닙니다. 뭐 그런 걸 좋아하냐며, 뭐 그런 걸 보고 있느냐며 이해할 수 없다는 한심한 표정을 보여 준 적 있으시지요? 아들은 그게 서운했습니다. 재미있고 좋아하는 것이 생겼는데 들여다볼 생각도 하지 않는 아빠, 엄마에게 서운하지요. 그래서 아빠, 엄마는 어차피 모르는 사람, 관심 없는 사람, 나를 이해하지 못하는 사람입니다. 그러다 대화하기 싫은 사람이 되는 것은 순간입니다. 쓸데없어 보이고, 엉뚱해 보이고, 재미없어 보이지만 관심을 기울여 주세요. 관심 갖는 척이라도 해 보세요. 영혼이 없는 리액션이라도 안 하는 것보다 낫습니다.

저는 원래 만화책, 웹툰을 좋아하기도 하지만 아들이 관심을 보이기 시작하면서 더 적극적으로 대화 소재로 삼고 있습니다. 최근에 봤던 웹툰 가운데 재미있었던 웹툰을 추천해 주기도 하고, 종종 둘이서만 만화 카페에 가서 시간을 보내기도 합니다. 만화를 죄악시하는 엄마는 함께 갈 자격이 없습니다. 그 기억이 좋았던지, 지금도 아빠하고 어디 가서 뭐 하고 싶냐고 물으면 바로 나오는 대답이 만화 카페입니다. 어느 날은 아내와 두 아들이 유튜브를 보며 낄낄거리고 있어 뭘 보나 궁금해서 쳐다보니 뜻밖에도 보라색 젤리들만 가득 모아서 먹어 치우는 ASMR 영상이었습니다. 절대 아내 취향일 리 없는 뜬금없는 영상을 열심히 들여다보는 이유는 아들들 때문이겠지요. 함께 보며 신기해하고 재미있어 하는 아내의 노력이 느껴졌습니다. 부모와 아들 사이에 교집합을 만들어 보세요. 아이의 관심사와 부모의 관심사가 만나는 부분이 어디쯤 있을지 살펴보고 공유하면, 함께 보내는 시간이 편하고 기다려집니다. 그 순간 둘 사이의 대화는 자연스레 술술 풀리겠지요.

다섯. 감정보다 논리입니다

대부분 아들은 부모의 기대보다 훨씬 더, 감수성이 풍부하지 않습니다. (물론 언제나 예외는 있습니다.) 더욱 정확히 표현하자면 자기 감정조차 정확하게 느끼지 못합니다. 그러니 상대의 감정을 공감하며 이해하는 일은 더욱 어렵겠지요. 아픈 엄마를 보며 안타깝게 생각하긴 하지만 얼마나 아프냐고 공감하고 위로하기보다는 "엄마, 아프지 마."라고 한마디 툭 던지고는 이내 하던 놀이로 다시 빠져드는 것이 우리의 아들입니다.

'내가 저놈을 낳고 키우느라 얼마나 고생했는데 아픈 엄마한테 겨우 한다는 소리가?'라며 서운하고 괘씸한 마음이 들겠지만 아들은 자기만의 방식으로 위로하는 중입니다. 감정에 호소할수록 아들은 부담스럽고 복잡하고 불편합니다. 아들에게는 논리적인 근거를 들어 핵심적으로 말하는 습관을 들여야 합니다. 계속 이렇게 하면 엄마가 너무 속이 상한다는 식의 감정에의 호소는 아들에게 잘 먹히지 않습니다. 잘못된 행동을 수정하기 위한 큰 목소리, 협박은 아들을 잠시 겁에 질리게는 하겠지만 곧 잊어버리기 쉽습니다. 이런 경우 아이의 기억에 남는 것은 엄마의 화난 모습과 혼났다는 사실뿐입니다.

겁을 주고 협박하기보다는 왜 그런지 근거를 들어 주고 되도록 간략하게 이야기하는 방식이 훨씬 효과적입니다.

협박성 훈계	논리적 설명
너 계속 이럴 거야? 지난번에도 여러 번 하지 말라고 했지? 너 한 번만 더 이런 식으로 집 안에서 공 차고 놀면 그때는 진짜 단단히 혼날 줄 알아.	집은 가족이 함께 생활하는 곳이기 때문에 여기서 공을 차면 가족에게 피해를 줄 수 있고 다칠 수도 있어. 거실에 앉아 있는 엄마나 강아지가 맞으면 다칠 수 있고 공 때문에 계속 불안하고 겁이 나. 계속 공을 차고 싶겠지만 꾹 참고 이번 주말에 운동장에 가서 공을 멀리 차고 골대에 넣기 게임도 해 보자.

이렇게 설명하면 아들도 이해합니다. 집 안에서 공을 차는 것이 왜 안 좋은지 생각할 기회를 얻는 것이지요. 상황을 논리적으로 설명하고 대안까지 제시해 주면 더 이상 막무가내로 계속 공을 차는 아들은 많지 않습니다. (물론, 있긴 있습니다.) 하지 말라는 행동을 또다시 반복하는 아들을 보면서 올라오는 화를 가라앉히고 차분하고 논리적으로 대응하는 것은 보통 힘든 일이 아닙니다. 처음엔 누구나 어렵습니다.

하지만 분명 기억할 것은, 소리를 지르고 협박을 해서는 아들은 절대 바뀌지 않는다는 사실입니다. 치미는 화를 누르고 설명으로 대신하는 경험들이 쌓이다 보면 그렇게 대화하는 부모님의 모습을 아이도 보고 배웁니다. 적어도 왜 혼나고 있는지 이해하지 못해 억울한 순간은 줄어들 거고요, 괜한 스트레스를 받을 일도 줄어들겠지요.

여섯. 작은 것도 칭찬해 주세요

칭찬 싫어하는 사람은 없습니다. 칭찬을 부담스러워하는 아이도 칭찬을 많이 들어 보지 못했기 때문에 어색해할 뿐 칭찬은 누구나 다 좋아합니다. 안타깝게도 아들들은 교실에서 칭찬 들을 일이 적습니다. 교실에서 칭찬은 주로 여자아이들의 몫입니다. 여자아이들 가운데 칭찬받을 만한 예쁜 행동을 하고 선생님에게 집중하는 학생들이 많거든요.

그래서 부모의 칭찬이 아들에게는 더욱 효과를 발휘합니다. 교실에서 다른 친구들이 칭찬받는 모습을 바라보며 부러웠던 마음이 부모님의 칭찬으로 풀어질 수 있거든요. 누구에게나 칭찬은, 없던 의욕을 만들고 기대를 훌쩍 뛰어넘는 창의적인 결과물을 만들어 내는 힘을 줍니다.

아들들, 참 칭찬하기 어렵습니다. 칭찬해야지 싶어서 쳐다보고 있으면 어쩜 이렇게 칭찬할 거리가 없는지 막막하고 어렵습니다. 그래서 노력이 필요합니다. 칭찬받을 만한 일을 하는 아이에게 칭찬하는 일은 너무도 쉬운 일이지만, 칭찬할 구석이 좀체 보이지 않는 아이에게 애써 칭찬을 건네는 일은 진짜 노력이 필요합니다. 내 아들에게 칭찬할 만한 구석을 찾아내기 위해 말 한마디, 행동 하나하나를 들여다보세요. 반드시 칭찬하겠다는 마음으로 들여다보면 아주 작은 거라도 하나씩은 눈에 들어옵니다.

먹는 것을 너무 좋아해 소아비만인 아들은 편식하지 않는다고 칭찬해 주고, 숙제가 뭔지도 모르고 친구들과 뛰어노는 아들에게는 에너지가 넘치고 건강해서 멋지다고 칭찬해 주세요. 같은 행동도 어떤 눈으로 바라보는가에 따라 다르게 느껴집니다. 그렇게 고마운 마음으로 아이를 바라보다 보면 칭찬이 시작되고, 그 칭찬은 아이의 성장에 밑거름이 되는 긍정적인 순환으로 이어집니다.

칭찬할 때는 두루뭉술한 표현보다 그 과정과 노력을 구체적으로, 그리고 열정적으로 칭찬해 주세요. 우리는 비판과 비난은 집요하게 하면서 칭찬에는 많이 인색한 경향이 있습니다. 크게 칭찬하기 쑥스러울 수도 있습니다. 하지만 칭찬 먹고 쑥쑥 자랄 내 아이를 생각하며 아낌없이 칭찬을 보내 주세요. 크고 힘찬 칭찬은 아이의 마음도, 칭찬하는 부모님의 마음도 밝게 합니다.

일곱. 잔소리는 단호하고 짧게!

아들과 있다 보면 잔소리할 일이 참 많습니다. 종일 하라고 해도 할 수 있을 것 같습니다. 최대한 참고 넘어가지만 더 이상 기다려서는 안 되겠다 싶을 때가 오면, 기억하세요. 잔소리는 단호하고 짧게 하는 것이 좋습니다. 조언, 훈계, 충고는 길어질수록 효과가 떨어집니다. 아들도 자기가 무엇을 잘못했는지, 어떤 실수를 했는지 잘 알고 있습니다. 그래서 훈계가 시작되면 잠자코 듣습니다. 어느 정도까지는 잘 참고 듣습니다. 하지만 핵심에서 벗어나 다른 행동을 지적하거나 이미 지난일을 들춰내서 하는 잔소리, 혹은 같은 내용을 얘기하고 또 하면서 반복하면 반감이 일고, 나쁘게는 오히려 핵심을 잊어버립니다.

잔소리가 필요하겠다 싶으면 10초 정도 머릿속으로 핵심을 정리하고 시작하십시오. 중복되는 내용 없이 짧게 마쳐야 하며, 핵심 내용은 반드시 이야기 앞부분에 해 주세요. 돌고 돌아 전달하는 방식은 아들에게 어렵고 복잡합니다. 이야기가 길어질수록 집중력이 흐트러지고 흘려듣는 경우가 생겨 결국 전하려고 했던 핵심 내용을 정확하게 전달하기가 어렵습니다. 단호한 훈계를 할 때는 낮고 차분한 목소리를 사용하십시오. 이는 말에 무게를 더하는 좋은 방법입니다.

여덟. 말보다 몸으로 대화하세요

운동, 등산, 보드 게임, 레슬링, 레고 조립, 장난감 만들기, 가족 여행, 놀이공원….

아들을 이해하고, 아들과 가까워지려면 무언가를 같이하며 몸으로 직접 부딪히는 것이 가장 확실하고 빠른 방법입니다. 아들의 에너지가 워낙 왕성하여 체력적으로 부담스럽기는 하지만 이만큼 효과적인 방법은 없습니다. 아들은 함께 행동하고 움직이면서 친밀감과 호감을 느낍니다.

그런데 일상에서 주양육자인 엄마와 대부분의 시간을 보내다 보면 움직임이 많은 활동보다는 대화, 독서 같은 차분한 활동을 많이 할 수밖에 없습니다. 아들 엄마는 활동적인 아들의 넘치는 에너지를 감당하지 못해 간식을 싸 들고 산으로 강으로 열심히 다니긴 하지만 체력에 한계가 있어 꾸준히 이어 가기가 어렵습니다.

몸을 움직이는 활동을 자주 하시라고 하면 대부분 엄마는 주말만 기다렸다가 아빠를 재촉합니다. 어머니들, 너무 부담스럽게 생각하지 마세요. 몸을 움직이는 활동이라고 해서 아빠만이 할 수 있는 거창한 것으로 생각할 필요가 없습니다. 집에서도 가능한 만큼만 몸을 움직이는 활동을 하면서 시간을 보내면 만족감과 친밀감을 높일 수 있습니다.

예를 들자면 앉은 자리에서 베개 싸움을 하고, 마주 앉아 보드게임을 하고, 풍선을 불어 손바닥으로 주고받고, 장난감을 조립하고, 종이컵으로 탑을 쌓으면서도 아들은 충분히 즐거울 수 있습니다. 〈나 혼자 산다〉라는 텔레비전 프로그램을 보면 기안84와 남자 배우가 처음 만나 서먹해 했지만 함께 캠핑하고 오토바이를 타고 운동을 하면서 조금씩 마음을 열어 가더군요. 남자들은 그렇습니다. 카페나 차 안에서 대화를 하면서 친해지기보다 함께 움직이며 소통해야 남자들은 더 편하고 빨리 가까워집니다. 아들은 남자입니다.

아홉. 스킨십은 계속되어야 합니다

고학년 아들과 엄마가 앞뒤로 걷습니다. 옆으로 나란히 걷거나 손을 잡고 팔짱을 끼고 걷는 모습은 저학년 때나 볼 수 있는 모습입니다. 아주 가끔 대학생 아들과 손을 잡고 걷는 엄마가 있으면 주변의 부러움을 사지요. 엄마는 점점 커 가는 아들과의 스킨십이 어색해지기 시작하고, 그건 아들도 마찬가지입니다.

　부모와 아이의 스킨십은 아이의 정서적인 안정과 발달을 돕고 다른 사람들과 교감하는 방법을 쉽게 체득하는 좋은 방법입니다. 아이는 스킨십을 통해 긍정적인 자극과 정서적인 안정감을 동시에 얻을 수 있습니다.

　초등학교 저학년까지만 해도 부모와 아들 간의 스킨십이 자연스러운데요, 3, 4학년이 지나면서 엄마와 아들의 스킨십은 눈에 띄게 줄어듭니다. 아들은 다른 사람들을 의식해 아이 취급을 받는 듯한 느낌이 싫어 거부하기도 합니다. 그렇다고 스킨십을 멈추지 마세요. 다른 사람들이 있는 곳에서는 자제하되 집에서만큼은 여전히 안아 주고 쓰다듬어 주는 등 잦은 스킨십으로 사랑을 표현하는 것이 좋습니다. 말로 하는 대화는 구체적이지만 오해의 여지도 많습니다. 하지만 스킨십을 통해 나누는 감정은 가장 확실하고 따뜻하게 전달됩니다.

열. 아빠와의 충분한 시간이 필요합니다

　많이 바뀌고 있지만 여전히 많은 아들이 아빠와 충분한 시간을 함께하지 못하며, 아들들은 이 점이 못내 아쉽습니다. 학교에서도 주로 여자 선생님과 생활하고 집에서도 주 양육자인 엄마와 지냅니다. 여성 특유의 부드럽고 세심한 돌봄과 교육은 장점이지만 남자들만의 특징을 이해하고 경험하는 시간이 부족한 것이 현실입니다. 또 여자들이 이해할 수 없는 부분 때문에 억울하게도 천덕꾸러기 취급을 받기도 하고 말이지요.

아빠는 엄마와 다릅니다. 관심사가 다르고 생각하는 방식과 우선순위, 활동성에서도 차이가 납니다. 가장 큰 차이는 아빠는 아들을 이해한다는 점입니다. 그래서 아들에게는 아빠와 보내는 시간이 중요하고 필요합니다. 아빠 자신이 어린 시절에 그랬기 때문에 아들의 행동과 생각들을 이해하고 지지하고 도와줄 수 있습니다.

저녁 시간, 주말, 여름 휴가 등의 시간을 계획해 아빠와 아들만의 시간을 만들어 주세요. 엄마가 개입하지 않는 남자들만의 시간입니다. 아빠만이 해 줄 수 있는 것, 아빠와 함께하면 더 좋은 것들이 있습니다. 아들의 성교육, 격렬한 운동, 운동경기 관람, 액티비티 위주의 여행, TV 실컷 보기, 남자 스타일의 짧고 굵은 쇼핑, 놀이동산 가기 등을 하면서 아들들이 엄마에게서 느끼지 못하는 남자들만의 문화를 느끼고 자연스럽게 배우게 해 주십시오. 아들의 정서적인 안정감과 균형 잡힌 성장을 위해 아빠가 나설 때입니다.

엄마들은 절대 모르는
요즘 아들의 관심사 Top 10

　　아들과의 대화를 물꼬를 트기 위해서는 아들의 관심사를 알아내기 위해 노력하라는 말씀을 앞에서 드렸습니다. 도대체 우리 아들이 무엇에 관심이 있는지 모르겠다는 분들을 위해 준비했습니다. '요즘 아들들의 관심사 Top 10'을 소개합니다. 열 가지 모두에 관심 있는 아들은 없겠지만 이 중 아무것에도 관심이 없는 아들도 없을 것입니다. 눈치채기 어렵다면 대놓고 물어보세요. 여기 있는 열 가지 가운데 뭐가 가장 좋으냐고요.

하나. 게임

게임은 요즘 아들들의 가장 밀접한 취미 생활이자 친구들과 어울리는 중요한 수단이기도 합니다. 남자아이들이 관심을 가장 집중하는 꾸준히 핫한 분야입니다. 스마트폰뿐 아니라 콘솔 게임과 PC 게임까지 거의 모든 아들이 좋아하고 푹 빠져 있습니다. 틈만 나면 친구들과 게임 이야기를 하고, 정보를 나누며 함께 모여 게임하기를 즐겨 합니다. 학교에서도 학원에서도 복도나 계단에서 틈새 시간을 쪼개 가며 게임에 집중하는 아이들을 쉽게 볼 수 있습니다. 게임의 순기능과 역기능을 이야기하기 전에 이미 게임은 생활의 일부가 되었습니다. 무조건 하지 말라고 하는 대신 이 게임을 어떻게 잘 활용해서 아들과 소통할 것인가 고민하는 부모가 현명한 부모일 것입니다.

게임을 특별히 좋아하지 않는 저도 두 가지 스마트폰 게임을 주기적으로 합니다. 하다 보니 재미있기도 한데 사실 시작은 아이들이 좋아하는 게임을 같이 즐기기 위해서였습니다. 아이들과 누가 더 잘하는지 순위를 매겨 보기도 하고 잘하는 모습을 보면서는 존경의 눈빛을 받기도 하고, 아이들보다 못할 때는 만만하고 친근한 아빠로 아이들의 기를 살려 줄 수 있어 좋았습니다. 이렇게 주말 시

간 등을 이용해 함께 게임을 하다 보면 함께 즐기는 시간과 이야기
꺼리가 있어 즐겁습니다.

하지만 게임 시간으로 정해진 시간을 정확히 지키는 모습을 신
경 써서 보여 주세요. 정해진 시간 외에는 아이들 앞에서 게임하는
모습을 보이지 말아 주세요. 혹여나 개인적으로 따로 더 하더라도
말이지요. 약속을 잘 지키고 스스로 관리하는 모습을 보며 아이들
도 불만 없이 규칙을 지키고 배우려고 노력할 것입니다.

둘. 유튜브

부모님들도 여유시간이 생겨 심심할 때, 최신 사건 영상을 확
인하려고 할 때 유튜브를 많이 이용하실 것입니다. 학생들도 요즘
가장 많은 정보를 얻는 곳이 바로 유튜브입니다. 전에는 책이나 웹
검색을 통해 정보를 찾거나 배웠다면 요즘은 대부분의 검색을 유튜
브로 합니다.

문서에서부터 사진과 그림, 영상까지 많은 양의 정보가 정리되
어 있어 매우 직관적으로 열람이 가능합니다. 또 이용자가 많다 보
니 방대한 양의 새로운 정보가 나날이 쌓입니다. 그러니 더욱 자주

찾게 되고요. 학생들의 최근 2, 3년간의 장래희망 순위에서 최상위 권을 차지하는 직업도 바로 유튜브 크리에이터이고, 그 인지도는 웬만한 연예인 이상으로 높고 친숙합니다.

유튜브는 다양한 정보가 많은 만큼 거칠고 자극적인 영상들도 많아 아이들이 보지 말아야 할 정보를 접할 수 있다는 문제점이 있습니다. 하지만 그러한 점 때문에 유튜브를 제한하기보다는 '제한 모드(계정-설정-제한 모드)' 기능을 활용해 유해한 내용들을 걸러 냄으로써 아이들을 유해한 자료들에서 안전하게 지키고, 유용한 프로그램을 사용할 수 있도록 도와주세요.

셋. SNS

부모님 세대가 가장 친숙하게 자주 사용하는 SNS는 아마 카카오톡일 것입니다. 영상전화에 채팅방, 그룹 통화, 투표 설문, 결제 시스템까지 정말 카카오톡이 없을 때는 어떻게 연락했나 싶을 정도로 핸드폰 기능 가운데 가장 많이 사용하는 국민 앱이 되었습니다. 아이들도 서로 연락을 주고받을 때는 카카오톡을 많이 사용합니다.

하지만 이미 부모님 세대가 많이 사용하기 때문에 힙한 자기들만의 문화를 찾아 틱톡, 스냅챗, 페이스북, 인스타그램을 사용하는 빈도수도 꽤 높습니다. 이러한 SNS는 친구들 사이에서 연락을 주고받는 것으로만 끝나지 않습니다. 자신의 일상 속 모습과 자랑하고 싶은 것들을 자유롭게 사진이나 글로 불특정 다수에게 스스럼없이 표현하는 창구로 사용하기도 합니다.

최근 학생들에게 가장 인기 있는 앱은 틱톡^{TikTok}이라고 하는 숏 비디오 앱입니다. 글이나 사진, 일상 속 영상들, 커버댄스 등을 다른 사람들과 공유하고 그에 대한 느낌을 댓글로 적기도 하는 가볍고 직관적인 앱입니다.

현대를 살아가는 아이들은 인터넷과 영상매체 등을 활용해 생각을 표현하고 공유하며 배우는 세대입니다. 부모님들도 함께 경험하고 활용하면서 아이들의 문화와 생각을 이해하려고 노력하셨으면 합니다. 그러다 보면 소통이 쉬워지고 또 예상치 못한 색다른 즐거움을 맛볼 수도 있을 것입니다. 단, 온라인의 특성상 익명성에서 오는 무책임한 행동이나 실수들이 생겨나지 않도록 아이들에게 적절한 수준의 가이드라인을 제시하거나 아이와 함께 사용 계획을 세워 보는 과정은 필요합니다.

넷. TV 프로그램과 영화

TV는 스마트폰처럼 참 중독성이 강한 녀석입니다. 아이들은 어려서는 광고에 눈을 빼앗기고 성장하면서는 애니메이션, 코미디, 예능, 드라마까지 다양한 장르에 빠집니다. 요즘 초등 아들들에게 인기 있는 예능 프로그램은 〈런닝맨〉, 〈코미디 빅리그〉, 〈쇼미더머니〉, 〈복면가왕〉, 〈나 혼자 산다〉 등이 있습니다. 생각 없이 보면서 웃고 있으면 스트레스 해소에 큰 도움이 되지만 중독성이 강해 시청 시간이나 횟수에 규칙을 정할 필요가 있습니다. 주 단위로 보고 싶은 프로그램을 두세 개 정도 정해 놓고 시청하는 것도 좋은 방법입니다.

영화에 관한 관심도 비슷합니다. 4학년까지는 부모님, 친구들과 함께 가서 애니메이션, 가족영화를 봤다면, 5, 6학년이 되면서는 친구들과 함께 영화관에서 놀기도 하고, 취향에 따라 영화와 관련된 도서, 굿즈, 장난감 등에도 관심을 보입니다. 고학년으로 갈수록 남자아이들이 열광하는 장르는 SF와 판타지 영화입니다. 마블의 히어로물이나 〈해리포터〉, 〈말레피센트〉와 같은 판타지 영화 개봉 소식이 들리면 교실 속 아들들이 단체로 들썩이기도 합니다.

다섯. 웹툰(만화)

만화를 싫어하는 남자아이는 아마 없을 것입니다. 저는 아직 만나 보지 못했습니다. 그만큼 아이들에게 인기 있는 관심사가 아닐까 싶습니다. 어려서부터 뽀로로와 아기상어로 시작해 학습만화에 빠졌다가 3, 4학년을 지나면서부터는 다양한 캐릭터가 등장하는 만화책과 애니메이션에 관심을 가집니다. 초등학교 고학년의 경우 아이들에 따라 만화와 애니메이션에 대한 관심도가 다르기는 하지만, 만화는 대부분의 남자아이들이 좋아하는 분야입니다.

많은 부모님이 만화를 좋아하는 아이들을 보면서 걱정을 합니다. 어쩌면 그리도 좋아하고 집중하는지 만화가 고마울 때도 있지만, 왠지 모르게 찜찜하고 속이 개운하지는 않습니다. 만화는 아이들의 상상력을 제한하는 부분이 있어 아쉬운 점이 있지만 남자아이들이 가장 쉽게 즐길 수 있는 취미 생활이기도 합니다. 즐거움도 주면서 지식과 가치들을 부담 없이 배우고, 독서습관도 자리 잡을 수 있어 좋습니다.

학습만화를 보기보다 줄글이 적은 책으로 얼른 넘어갔으면 하는 마음으로 계속 학습만화만 보는 아이들을 답답해하는 부모님도 많습니다. 하지만 만화는 줄글로 된 책을 읽기 전에 거쳐 가는 단계가 아닌 전혀 분야가 다른 책입니다. 만화는 평생 동안 즐기는 건전한 취미라고 생각해 주세요. 충분히 시간을 주고 기다려 주면 줄글 책으로 자연스레 넘어갑니다.

요즘에는 종이로 된 만화책보다 애니메이션이나 웹툰이 더 인기입니다. 많은 초등 아이들이 스마트폰을 사용하다 보니 쉽고 다양하게 만화를 즐길 수 있는 웹툰을 선호하는 것이죠. 웹툰을 원작으로 하는 드라마나 영화도 많이 나오고 있고 그 인기가 상당합니다. 웹툰 작가들도 많은 인기를 얻고 고수익을 올리면서 아이들이 선호하는 장래희망 가운데 하나로 꼽히기도 하고요. 내용의 건전함만 보장된다면 훌륭한 취미 생활이자 문화생활이 될 수 있습니다. 만화를 좋아하는 부모님이라면 아이에게 재미있고, 아이 수준에 맞는 건전한 웹툰을 추천해 주는 방법도 좋습니다. 아이도 부모님이 자신과 같은 취미 생활하는 것을 좋아하고 반길 것입니다.

여섯. 운동

전통적으로 지금까지 아들들에게 꾸준히 인기 있는 활동은 바로 운동 아닐까요? 어려서부터 차고 넘치는 에너지로 놀이터에서 뛰어놀기, 반 친구들과 함께 축구팀, 농구팀을 경험하면서 운동과 밀접하게 성장합니다. 운동신경이 없는 친구들은 스트레스를 받거나 함께 운동을 즐기던 무리에서 떨어져 나가기도 하지만 그래도 상당수의 아들들은 지속적으로 좋아합니다. 나이가 어릴 때는 본인이 직접 움직이며 체험하는 활동에만 관심이 있다면 고학년으로 커가면서 스포츠를 감상하며 즐기는 것까지 그 범위가 확대됩니다. 특히, 운동을 좋아하는 부모님을 둔 경우에는 더욱 그렇습니다.

아들들은 몸으로 배워야 더 집중하고 즐겁게 배웁니다. 몸을 충분히 움직일 수 있으면 불만과 스트레스가 줄어듭니다. 저학년 시절에는 동네 놀이터와 학교 운동장 놀이가 좋습니다. 다른 친구들과 쉽게 어울리고 관계를 배우며 친구를 사귀기에 가장 친숙한 공간입니다. 미끄럼틀, 그네, 정글짐, 시소와 같은 기구들은 기본 체력들을 발달시키는 데도 아주 유용합니다. 3, 4학년 정도가 되면 자주 어울리는 친구들이 더 명확해집니다. 특별히 좋아하는 운동이 있다면 친구들과 함께 팀을 만들어 주기적으로 운동을 하는 것도 좋은 경험이 됩니다. 함께 대회도 나가고 준비하면서 동료의식과 더불어 승부욕도 키울 수 있습니다.

고학년의 경우는 사설 스포츠 클럽에서 활동을 꾸준히 이어 갈 수도 있으나 학교에서 뜻이 맞는 친구들끼리 동아리를 만들어 점심 시간이나 동아리 시간, 방과 후에 1시간 정도 활동을 하기도 합니다. 점점 학교에서도 학생들의 자율적인 동아리 활동을 권장하고 다양한 동아리들이 운영되고 있습니다.

스포츠를 직접 체험하며 즐기는 것에 더해 가족과 함께 스포츠 문화를 즐기는 것도 좋습니다. 요즘은 주변에서 부모님들이 즐기는 운동을 아이들도 함께 좋아하고 즐기는 모습을 많이 볼 수 있습니다. 함께 스키나 보드를 타러 가거나 야구장이나 축구장에 가서 좋아하는 팀을 응원하고 문화를 즐기면 가족끼리 더욱 친밀해지고 자연스러운 소통을 할 수 있습니다.

일곱. 힙합(음악)

음악은 남녀노소를 가리지 않고 인기가 있는 문화이자 취미 생활입니다. 매체가 다양해지고 발달하면서 갈수록 음악 선택의 폭이 넓어지고, 관심이 높아지는 것도 사실입니다. 요즘 학생들에게 인기 있는 음악 장르는 아무래도 힙합이죠. 학생들이 가장 즐겨 보는 핫한 음악서바이벌 프로그램은 〈쇼미더머니〉입니다. 부모님 세대에는 멜로디 중심의 음악이 유행이었다면 요즘 아이들은 비트를 쪼

개 표현하는 랩과 힙한 스타일 등에 관심이 많습니다.

알고 계시겠지만 힙합은 미국 빈민가에서 시작된 음악이다 보니 가사 내용이 거칠고 원색적이며 사회 비판적인 경향이 있습니다. 아이들은 가사 내용을 깊이 있게 생각하기보다 노래의 느낌과 분위기가 좋아 따라하는 경우가 대부분이죠. 그래서 아이들이 좋아하는 힙합 음악들을 함께 감상하며 아이에게 해가 될 수 있는 곡과 관련해서는 아이와 함께 이야기를 나눠 보는 것도 필요합니다. 힙합과 랩 문화가 점차 자리 잡아 가면서 아이들이 가사를 바꾸거나 혹은 가사를 직접 쓰기도 하는데요. 생각과 느낌들을 자유롭게 표현하는 좋은 창구가 되기도 합니다.

여덟. 친구

친구는 늘 소중하고 반가운 존재이지만 사춘기가 시작되는 4, 5학년을 지나면서는 그 존재감이 더욱 커집니다. 놀이터에서 만나는 아무나와 뛰어놀던 아들이 맘에 드는 친구를 만나 지속적이고 깊은 관계를 맺기 시작할 겁니다. 그러면서 점점 더 친구가 우선순위가 되고, 친구와 함께하는 시간을 기다리고 수시로 연락하기도 합니다. 아들의 친구 관계를 파악하는 것만으로도 아들의 취향과 속마음을 읽는 데 큰 도움이 됩니다.

요즘 아이들은 학원 다니느라 바빠 친구들과 어울릴 시간이 부족하다 보니 SNS로 연락을 주고받고 그 안에서 어울리는 것에 익숙합니다.

아이들이 가상공간에서의 만남에 익숙해지다 보면 실생활에서 대인관계를 맺는 일에 미숙해지기도 합니다. 또한 제한된 대인관계 때문에 더러는 정서적인 고립감을 느끼기도 한다네요. 우리 아이들의 활동적이고 활기찬 친구 관계를 위해 가상 공간속 친구 관계뿐 아니라 실제 공간(학교 운동장, 영화관, 놀이공원, 만화카페 등)에서도 친구들을 만날 수 있도록 관심을 가져 주세요.

아홉. 외모

이성에 관심이 생길 즈음이면 동시에 커지는 관심사가 바로 외모입니다. 여학생들은 헤어스타일과 화장, 옷, 액세서리에 관심이 폭발적으로 증가하지만 아들은 상대적으로 훨씬 단순합니다. 헤어스타일, 옷, 신발이 전부입니다.

사춘기에 접어든 아들이 외모에 신경 쓰기 시작한다면 놀리거나 제지시키지 말고 어울리는 헤어스타일을 찾아보고 고민하며 지원해 주세요. 과하지 않다면 칭찬하고 격려해 주세요. 외모를 호감이 생기도록 가꾸는 것도 중요한 능력으로 보는 사회입니다.

외모에서 얻은 자신감이 친구 관계와 학업에서 좋은 결과를 가져오기도 합니다. 어려서부터 배우고 익힌 패션 감각이 평생 갑니다. 아빠가 감각이 없다면 엄마가 도와주시는 것도 좋습니다. 스타일을 권하고 상의하면 서로의 의견이 부딪치는 부분이 생길 수밖에 없는데 그럴 때는 부모님의 입장을 강요하기보다 아이의 의견을 더 많이 존중해 주는 것이 좋습니다. 굳이 본인이 이해하지 못하는 것을 강요하면서 다투고 감정 싸움을 할 필요는 없으니까요. 아이가 경험하는 실패가 가장 효과적이고 값진 교육입니다.

열. 이성 친구

4, 5학년이 되면 이성에 대한 관심과 호기심이 자연스럽게 시작됩니다. 아들마다 사춘기가 시작되는 시기의 차이가 크기 때문에 어떤 아들은 이성 친구와 교제를 시작하는 시기에 어떤 아들은 여

전히 엄마가 세상에서 가장 예쁘다고 하기도 합니다. 아들마다의 속도와 시기에 주목해야 하는 이유입니다.

아들이 이성에 관심을 갖기 시작하면 부모님의 자연스러운 관심, 공감, 적절한 성교육이 필요합니다. 아들이 쑥스러워하고 거부감이 생기기 쉬운 주제인 만큼 신중하고 자연스러운 분위기가 중요합니다. 특히나 아들의 성교육은 엄마에게 숙제처럼 부담스러운 주제인데요, 생각보다 어렵지 않습니다. 물론 아빠를 통하면 더욱 좋은 주제이긴 하겠습니다만.

이성 친구에 관한 이야기를 할 때는 절대 진지하고 무거운 분위기를 만들지 마세요. 또 이성 친구와 교제의 장단점, 주의사항을 설명하는 것도 금물입니다. 궁금한 마음에 직설적으로 "규민아, 너 좋아하는 여자 친구 있어?"라는 질문보다 "규민아, 같이 놀면 재미있고 말이 잘 통하는 여자 친구도 있어?"라고 물어봐 주세요. 좋아하거나 자주 어울리는 이성 친구가 있다면 그 아이 이름을 기억해 두고 가끔씩 가볍게 안부를 묻거나 요즘에는 어떻게 어울리고 지내는지 물어보는 정도면 좋습니다. 아이가 스스로 자세한 이야기를 꺼내면 더 좋고요. 최대한 긍정적인 반응으로 이야기하고 격려해 주세요. 어려서부터 이성 친구와 잘 어울리는 친구들이 성장 과정에서 양성성('남성성'과 '여성성'을 아울러 이르는 말)을 배워 훗날 관계를 넓고 편안하게 만드는 능력을 갖출 수 있습니다.

이성 친구와의 관계에 대한 이야기가 어느 정도 쌓였다는 생각이 들면 이성 친구와의 정서적인, 신체적인 차이점에서 오는 문제들이나 주의점, 배려할 부분들을 조언해 주세요. 부모님의 경험과 관련지어 이야기해 주면 잘 기억할 겁니다.

보통 이성 친구와 사귀면 남자아이들이 여자아이들에 비해 학업 집중도도 떨어지고, 상대방에게 지나치게 휘둘릴까봐 걱정을 많이 하시는데요. 꼭 그렇지만은 않습니다. 어려서부터 이성 친구들과 많이 어울리고 특성을 경험하면서 성장한 아들들은 그 부분을 관리하는 능력도 한결 빠르게 성장할 수 있습니다.

교실에 찾아온
어머니들의 한숨과 눈물이
한 권의 책이 되었습니다

순간 글이 막혀 어디로 가야 할지 막막할 때는 교실 속 아들들을 떠올렸습니다. 잘해 보려고 무진 애를 써 놓고도 신통치 않은 결과물을 앞에 두고 민망한 듯 웃던 아이들, 종일 끙끙대며 지루한 수업을 견디다가도 운동장 체육 한 시간이면 세상 다 가진 듯 행복해하던 아이들, 눈물 쏙 빠지게 혼나면서 어깨를 들썩이고 서럽게 울더니 어느새 슬며시 다가와 장난을 걸고 큰 소리로 웃던 교실 속 아들들이 차례로 지나갔습니다. 그보다 더 자주는 엄마들의 모습이 떠올랐습니다. 뭐가 그리 미안하고 고마우신지 한참 어린 담임교사인 저를 볼 때마다 깊이 숙여 인사하시던 모습이 선명하게 떠올랐습니다. 교실에 찾아와 눈물을 삼키며 털어놓으셨던 깊고 무수한 고민은 이렇게 한 권의 책이 되었습니다. 덕분입니다. 감사합니다.

우리의 아들들은 아무 문제가 없고 잘 크고 있는 거라는 믿음을 드리고 싶었습니다. 당장 부모와 교사의 눈앞에 뚜렷한 성장의 증거가 보이지 않아 답답할 뿐, 아들만의 속도와 힘으로 초등 시기를 멋지게 지나가는 중임을 힘주어 말씀드리고 싶었습니다. 아들을 키우며 어려운 순간을 만났을 때, 이 책 속 어느 한 문장이라도 떠올라 그 덕에 불안을 내려놓을 수 있다면 더 바라지 않겠습니다.

규현, 규민. 두 아들의 아빠가 되면서 저는 조금 더 너그럽고 따뜻하고 이해심 많은 사람이 되어 가고 있습니다. 교실 속 똘똘이들을 향하던 자연스러운 눈길을 돌려 느리고 부족한 아들들을 한 명씩 천천히 다정하게 살피기 시작했습니다. 여전히 부족하지만, 이전보다 훨씬 더 괜찮은 담임선생님이 되어 가고 있는 것은 분명합니다. 이 모든 것이 아이들 덕분입니다. (고맙다. 규현아 규민아)

두 아들을 키우느라 고생하신 사랑하는 부모님, 두 아들을 키우느라 고생하는 저의 아내 이은경 작가와 가족들, 학교와 운동 밖에 모르던 저를 글 쓰는 사람으로 이끌어 주신 역시나 아들 엄마이신 서선행 팀장님과 가나출판사에 진심으로 감사를 전합니다.

당신 아들, 문제없어요

초판 1쇄 발행 2020년 6월 14일
초판 2쇄 발행 2020년 8월 15일

지은이 이성종
펴낸이 김남전

편집장 유다형 | 기획·책임편집 서선행 | 외주교정 이은숙 | 디자인 정란 | 일러스트 조승연
마케팅 정상원 한웅 정용민 김건우 | 경영관리 임종열 김하은

펴낸곳 ㈜가나문화콘텐츠 | 출판 등록 2002년 2월 15일 제10-2308호
주소 경기도 고양시 덕양구 호원길 3-2
전화 02-717-5494(편집부) 02-332-7755(관리부) | 팩스 02-324-9944
홈페이지 ganapub.com | 포스트 post.naver.com/ganapub1
페이스북 facebook.com/ganapub1 | 인스타그램 instagram.com/ganapub1

ISBN 978-89-5736-114-6 (03590)

가나출판사는 당신의 소중한 투고 원고를 기다립니다. 책 출간에 대한 기획이나 원고가 있으신 분은
이메일 ganapub@naver.com으로 보내 주세요.